謝利明、袁國寶、倪偉 著

互聯網時代下的泛娛樂行銷

風口・藍海・運籌

打破行業壁壘、融合一切元素，釋放互聯網原住民新能量！

以明星P為核心打造文字、動漫、影視、體育、音樂等

多領域互動共生的娛樂產業新生態！

推薦者

中國文化大學 行銷所所長 駱少康教授

中華自媒體暨部落客協會理事長 鍾婷 強力推薦

崧燁文化

目錄

推薦序互聯網＋造勢，泛娛樂登場

早在 2014 年，我就想寫一本關於「泛娛樂」的書，但是直到今天也沒動筆，所幸謝利明、袁國寶、倪偉三位將此事付諸實踐，也算彌補了我的遺憾。

要系統性地闡述泛娛樂，並不是一件容易的事。

泛娛樂這個題材很熱鬧、很火爆，但是它的問題也很多。

這兩年泛娛樂非常火，大家都在跟風。泛娛樂是現在的風口，大家都說：站在風口上，豬都能飛。

對於現在的泛娛樂產業來說，風已經吹起來了。

就像 2016 年最火爆的是 VR，2016 年也因此被稱為 VR 元年，有很多人想找我做 VR，有人說：「你說怎麼做，我來投資！」但是他們並不清楚 VR 和 AR 的含義和區別！

泛娛樂也是如此，特別火爆，但是人們對它的瞭解還很淺顯，商業對它的挖掘，還遠未觸到奇點。

在宇宙的奇點，宇宙開始爆炸。

而泛娛樂的奇點，有人知道在哪兒嗎？

泛娛樂的源頭，不是從 2011 年騰訊的程武提出這個概念開始的。泛娛樂遠比大家想像得要歷史悠久：美國的泛娛樂鼻祖是漫威，而日本的泛娛樂鼻祖則是二次元。在日本，二次元幾乎成了一種精神像徵。但是二次元究竟是什麼，沒有人能說清楚，很多人說二次元應該獨立出來，而不應僅僅作為漫畫的分支。不管怎麼說，二次元是一個獨立的王國，它是日本泛娛樂化的體現。

作者在寫作這本書的過程中，試圖從多個視角來看待泛娛樂。

第一個視角是商業視角。從商業模式的角度、從各大公司的角度去挖掘泛娛樂，這個角度可以是騰訊的角度、新浪的角度；也可以是遊戲公司的角度，比如藍港互動；還可以是新興的視頻直播平臺，如鬥魚 TV。作者試圖站在這些做泛娛樂的大公司的角度，去探討如何理解、如何運營、如何建造泛娛樂體系。

但是要深刻地闡述泛娛樂，光從這些商業大鱷的角度去看，是遠遠不夠的。

第二個視角是大眾視角。從消費者、廣大的泛娛樂受眾、龐大的亞文化人群的角度來觀察泛娛樂，他們才是泛娛樂所針對的對象，才是真的泛娛樂的上帝。

現在的消費環境是一種多元化、個性化的消費環境。我們面臨的文化產品和普通消費品並無區別，全都由「上帝挑選和決定」，上帝們或許有 100 種對象可以挑選，但是他們也許一個也不會選。

關鍵是如何讓上帝們滿意？如何瞭解上帝們的需求？

我曾經跟別人這樣解釋泛娛樂：當你走進一個超級市場，你想買一個杯子，貨架上羅列著 1000 個杯子，每個杯子的功能都類似，質量和價格雖有差別，但是很難說哪個杯子是出類拔萃的。

最後選來選去，看到一個杯子，上面印著一對開飛機的老鼠，你立刻想起小時候看過的動畫片，於是買了它。

這就是泛娛樂，是粉絲、是故事、是故事背後驅動的情感、是產品的跨界。從漫畫到動畫、從動畫到電影、從電影到杯子——其實都一樣！

泛娛樂是把所有東西都融合在一起。

泛娛樂是給用戶一個選擇你的理由：就像你在 1000 個杯子中選擇一個印有你童年回憶的杯子（情感的驅動）那樣。

而泛娛樂要做的就是把這個杯子做大，做成一個迪士尼一樣的王國。

2015 年，泛娛樂漸漸火爆；2016 年，人人都在談論泛娛樂。但是泛娛樂的爆點還沒有到來。

娛樂產業的「泛」還很長，我相信「泛」這個詞，將是未來的趨勢。

現在娛樂產業是最早開始呈現「泛+」的產業。

而我相信未來，金融產業會出現「泛金融」，文化產業會出現「泛文化」，地產行業也會呈現「泛地產」的態勢。

未來還很長，讓我們一起見證。

文丹楓

博士、獨立作家、互聯網行銷專家

【風口篇】泛娛樂，資本寒冬中的新熱土

第 1 章引爆：從泛娛樂元年說起

1.1 泛娛樂的前世今生

摘要：

「泛娛樂」的概念第一次被提出是在 2011 年，但是卻鮮有人知道，真正的泛娛樂早在 1939 年就開始了，如今的泛娛樂正處在人人都渴望分一杯羹的藍海市場之中。

雖然都知道泛娛樂有巨大的潛力，但是想要將它的潛力全部挖掘出來，卻並不容易。那麼，應該怎麼做才能夠建立起一個完整的泛娛樂產業鏈呢？

前世：1939 年的漫威是最早的泛娛樂

什麼是泛娛樂？

當我們打開百度搜索「泛娛樂」，出來的詞條是這樣的：泛娛樂，是指基於互聯網與移動互聯網的多領域共生，打造明星 IP（intellectual property，知識產權）的粉絲經濟，其核心是 IP，可以是一個故事、一個角色或者其他任何大量用戶喜愛的事物。

美國的漫威是最早的泛娛樂

國外最早的泛娛樂是漫威：

漫威漫畫公司（Marvel Comics）曾被翻譯為「驚奇漫畫」，在美國是與 DC 漫畫公司（DC Comics）齊名的漫畫行業大廠。

漫威創建於 1939 年，但直到 1961 年才開始使用 Marvel 的名稱。它旗下一共擁有 8000 多個漫畫角色，其中經典的角色包括：蜘蛛人、鋼鐵人、

美國隊長、雷神索爾、綠巨人等，同時還有諸如復仇者聯盟、驚奇四超人、X 戰警等眾多英雄組成的超級英雄團隊。

2008 年，漫威漫畫被迪士尼公司以 42.4 億美元收購，因此漫威目前絕大部分漫畫角色的所有權都歸迪士尼公司所有。2010 年 9 月，Marvel 宣布「漫威」為其正式中文名。

漫威的創立者是一位叫做馬丁。古德曼的出版商。古德曼最初是做通俗雜誌的，他所創辦的雜誌題材較多，包含西部故事、冒險和科幻等多個方面。1938 年，古德曼厭倦了這些題材，開始尋找自己感興趣的題材——新奇、華麗的同時還要有激動人心的大場面，漫畫正好完全符合古德曼的要求，於是他進入漫畫行業。

雖然當時已經有了 DC 漫畫，而且其擁有兩大經久不衰的王牌角色：超人和蝙蝠俠，但是漫威還是找到了一條適合自己的新道路，創造出了許多經典的漫畫角色。

1939 年 4 月，一本叫做《Motion Pictures Funnies Weekly》的漫畫雜誌出現了，這本漫畫雜誌最初是作為贈品在電影院裡發放，而在漫畫中，Namor the Sub-Mariner（海王子納摩）首次出現在大眾的視野裡，他是人類和亞特蘭蒂斯人混血，可以長期在水下生活。他是漫威創作的第一位超級英雄，而這時自漫威公司成立還不到半年時間。之後，海王子納摩的故事經過加工出現在一個新的漫畫刊物中，而這個漫畫刊物的名字就是——《Marvel Comics》。

從觀眾的視角來看，海王子納摩並不像一位以拯救世界為己任的超級英雄，反而像一位同超級英雄作對的反派角色。父親是人類，而母親是水下種族的公主，這種結合讓他的外觀怪異，並且他的行為也容易讓人懷疑：成年之後的納摩因為自己的水下王國被毀，所以決定向地面上的人類展開寺艮復行動。他年輕、易怒、同時充滿力量，這讓他變得非常危險。納摩在地面上四處搞破壞，地面人類的死活似乎並不是他關心的事情。

同納摩一起在第一期《Marvel Comics》出現的還有其他英雄，包括火焰人、Ka-Zar、The Angel 等。

納摩和火焰人後來各有自己獨立的連載故事，而這種英雄互相「友情客串」的情況當時被稱作 crossover，最後逐漸形成了 universe 的概念。不過能夠讓所有超級英雄共同參與的事情並不是漫畫虛構的故事，而是第二次世界大戰。

漫威的超級英雄們在第二次世界大戰期間開始深入人心

第二次世界大戰初期，雖然歐洲戰場和亞洲戰場打得非常激烈，但是美國並沒有參與進來。儘管美國並未參戰，但是面對全民公敵的法西斯主義四處蔓延，超級英雄們（如圖 1-1 所示）已經在漫畫中表明了自己的態度：早在 1940 年，海王子納摩就襲擊了納粹的潛艇；火焰人也和盟軍並肩作戰，共同對抗法西斯。而在所有反法西斯的超級英雄中，最為出名的應該是美國隊長。

圖 1-1 漫威的英雄們美國精神的象徵：美國隊長

1941 年 3 月，《美國隊長》漫畫創刊，在編劇喬．西蒙和畫家傑克．柯比的共同打造下，一位身穿紅白藍三色星條服裝、手持星條盾牌、全身上下都帶著美國國旗元素、代表著美國精神的超級英雄誕生了。這位英雄疾惡如仇，一誕生就加人到了如火如荼的世界反法西斯戰爭中。美國隊長和其他超級英雄的區別是：當時，新創作的超級英雄一般先要在其他刊物上試行，如果迴響較好，才會推出獨立故事的漫畫，而美國隊長是設計出來直接就有了獨立漫畫。因為古德曼在看到美國隊長的角色設定後，斷定這位超級英雄一定能夠大獲成功，於是美國隊長獲得了獨立表現的機會。而後來的事實證明，當時的決定是非常正確的，美國隊長漫畫一經推出就大受歡迎。

美國隊長的漫畫和軍需補給一起送到前線：鼓舞士氣

在漫畫設定中，美國隊長原本是一個普通的美國人，名叫斯蒂夫 . 羅傑斯。這個原本身體瘦弱的年輕人，為了報效國家，自願加入美國軍方的秘密計劃，在使用了一種特殊的藥物後，成為後來的美國隊長。而發明特殊藥物的教授被納粹間諜暗殺，藥物配方只有他一個人知道，這讓斯蒂夫變成了唯一的超級戰士。之後美國政府安排他以普通士兵的身份進入部隊，同敵人作戰。

美國隊長並不是天生的英雄，他的身體也和普通人一樣會受傷。與普通人相比，他更加勇敢、堅強，其直接對抗法西斯的行為，提高了漫畫的主題高度。當日本偷襲了美國珍珠港，美國參戰之後，這位超級英雄的漫畫和軍需補給品一同被送到前線，成為美國大兵的精神食糧，鼓勵士兵們在前線勇敢作戰。同時，美國隊長漫畫的大獲成功，也讓漫威從此有了和 DC 漫畫分庭抗爭的實力。

隨著第二次世界大戰的結束，美國隊長也逐漸淡出人們的視線，直到 20 世紀 60 年代才重新回歸到漫畫世界中。但是這時的社會已經和第二次世界大戰時期的社會不同了，美國精神也有了新的含義。雖然他在新社會中也同惡勢力進行過殊死鬥爭，但是最讓人們懷念的依然是他對抗法西斯的故事。

很少有人注意到，漫威和漫威旗下的超級英雄們就是最早的泛娛樂。如今的漫威公司可謂雄霸天下，擁有大量超級英雄和他們的忠實粉絲，漫威帝國的泛娛樂事業蒸蒸日上，每個英雄既是獨立的個體，又是整個英雄團隊的一部分。

這是最早的泛娛樂，是泛娛樂的前世，也是泛娛樂最終極的精神體現。泛娛樂不只是娛樂，不只是產業，它的核心是情感，是情懷，只有把情感作為基礎，才能有大量的粉絲存在。

今生：騰訊率先提出，各大大廠紛紛加入起點：2011 年——泛娛樂第一次被提起

泛娛樂的概念是 2011 年由騰訊公司副總裁程武首次提出來的。程武在那一年的中國動畫電影發展高峰論壇上，提出以 IP 打造為核心的「泛娛樂」構思。自此拉開了泛娛樂化時代的大幕。

升溫：2012 年——騰訊提出泛娛樂戰略

在提出泛娛樂的概念之後，2012 年，程武在「UP2012 騰訊遊戲年度發佈會」上，正式將騰訊的泛娛樂戰略公佈出來。

此時，騰訊的「泛娛樂」概念是以 IP 授權為軸心、遊戲運營和網路平臺為基礎，展開跨領域的多平臺商業拓展模式。騰訊的泛娛樂戰略公佈沒多久，「騰訊動漫發行平臺」和「泛娛樂大師顧問團」就建立起來了。

2013 年，騰訊首先將「騰訊動漫發行平臺」改造為「騰訊動漫平臺」，這個平臺是繼騰訊遊戲之後第二個實體業務平臺。之後，騰訊收購盛大文學，並且成立了自己的「騰訊文學」，至此第三個泛娛樂實體業務平臺出現。

2014 年，騰訊意識到泛娛樂已經發生了變化，在 UP2014 騰訊互娛（IEG）年度發佈會上，程武重新闡述了泛娛樂。新定義為：基於互聯網與移動互聯網的多領域共生，打造明星 IP 的粉絲經濟。伴隨著泛娛樂的新定義，這一年「騰訊電影 +」宣告成立。

引爆：2014 年——騰訊持續邁進，各大大廠紛紛入場

小米公司董事長雷軍提出過一個非常有名的風口理論：「站在風口上，豬都會飛」。關於這個理論我們首先來看風是從哪裡吹來的。

對近幾年產業發展感興趣的人很容易看出中國服務業的發展態勢，移動互聯網、粉絲經濟、娛樂產業都是近幾年的熱門話題，因此看出這一發展態勢的互聯網公司都開始向文娛產業發展，一邊進軍遊戲影視領域，一邊直接將 IP 源頭控制在手中。

互聯網三大廠 BAT 最近幾年也紛紛成立了各自的網文部門。騰訊是先從起點挖團隊，然後吞下盛大文學，成立了閱文集團；百度則是拿下 91 熊貓，成立了百度文學；阿里巴巴旗下也有了書旗小說。

未來：泛娛樂積熱已久，爆點仍未到來

「泛娛樂」這個詞如今一再被提及，雖然大家都知道泛娛樂存在巨大的潛力，但是想要將這些潛力全部挖掘出來，卻不是一件容易的事情。作為概念提出者的騰訊，已經在泛娛樂的道路上經營了多年，但是效果仍然差強人意。

那麼，為什麼「泛娛樂」行業發展得如此困難呢？怎麼做才能建立起一個完整的泛娛樂產業鏈呢？

作為泛娛樂的提出者，騰訊從 2012 年就踏上了泛娛樂的道路，並且僅用了兩年時間就將遊戲、文學、動漫、影視四塊業務完成了泛娛樂佈局，並且還得到了一批優質的 IP。

《2014 中國遊戲產業報告》對於騰訊在泛娛樂行業中所起的作用是這樣說的：「遊戲產業整體與細分市場的收入增長都將是慣性增長，短期內缺乏破局因素，騰訊公司的『泛娛樂』戰略盤活了遊戲與其他文化產業的融合發展。」

在騰訊逐步完成自己的泛娛樂佈局時，BAT 中的另外兩家互聯網大廠也展開了行動，開始進行自己的泛娛樂佈局。在過去幾年中，阿里巴巴在影視、

傳媒等產業上投資了數百億元，很明顯，它的這些投資都是為了佈局「泛娛樂」產業。而百度早在 2012 年就已經收購了愛奇藝，行動比阿里巴巴更早。

「泛娛樂」爆點未到

近幾年，隨著「泛娛樂」概念的出現，遊戲、動漫、文學、影視相關產業都在快速發展，尤其是變現能力最強的遊戲行業，這幾年發展速度驚人。2015 年，中國遊戲市場收入達到 1407 億元，並且呈穩步增長的態勢。但是，泛娛樂行業發展的爆點還未到（如圖 1-2 所示）。

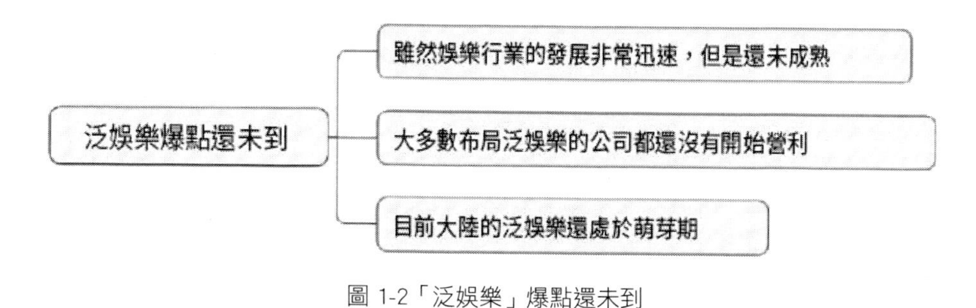

圖 1-2「泛娛樂」爆點還未到

第一，雖然娛樂行業近幾年的發展十分迅速，但是如果和各國同產業進行對比，差距非常明顯。

以中日動漫產業為例，日本的動漫產業如今已經發展得十分成熟，具備完整的產業鏈，年營業額高達 230 萬億日元。相比之下，中國動漫產業差很多，缺乏成熟的運作模式，沒有完整的產業鏈，多數動漫公司處於盈利微薄或者虧損的狀態，依靠補貼才能維持，盈利能力良好的公司非常少。

第二，雖然現在幾大大廠公司都在大刀闊斧地打造自己的泛娛樂產業，但是直到現在都還沒有開始盈利。

早在 2005 年，盛大公司就提出過「網路迪士尼」的構想，但是因為當時互聯網發展還不夠成熟，加上中國國家政策的限制，最終「盒子計劃」宣告失敗，視頻業務也逐漸被市場邊緣化。實際上，每一個新興行業的成長都可以看作是一個指數增長的過程。

目前泛娛樂還處於萌芽期，這個時間段是一個投入的時期，得到的回報非常少，並且現在距離行業爆點階段還有一定距離。騰訊目前的泛娛樂道路也是在不斷摸索的過程中艱難前進，遠沒有達到盈利狀態。

第三，娛樂垂直行業發展的成熟並不能說明泛娛樂行業達到了爆點。

只有當遊戲、動漫、影視、文學等各個行業互相打通，形成一條完整的娛樂產業鏈時，泛娛樂行業才會進入真正的白熱化階段。

1.2這是一個不娛樂即淘汰的時代

摘要：

在今時今日的中國，話題的風暴中心，早就不是房地產、金融、公務員了，而是直播、網紅、IP、內容、遊戲解說等，它們才是未來中國的娛樂中心。

2015 年 3 月 5 日，李克強在中國《政府工作報告》中提到：服務業在中國生產總值中的比重上升到 50.5%，首次占據「半壁江山」。未來中國的希望和重點，正在向第三產業轉移。

泛娛樂：歷史趨勢的必然

2016 年 2 月，英雄互娛向華誼兄弟定向發行 27721886 股，以每股 68.53 元的價格募集人民幣 19 億元，占到英雄互娛股份總額的 20%。華誼的王中軍、王中磊則分別加人英雄互娛董事會、監事會。

在今時今日的中國，話題的風暴中心，早就不是房地產、金融、公務員了，而是直播、網紅、IP、內容、遊戲解說等，它們才是未來中國的娛樂中心。

我們身處一個全新的娛樂時代

我們的社會，正在從工業化向服務化轉型。

這對於我們來說是一個信號，和中國政府提倡的供給側結構性改革一樣，未來中國的希望和重點，將向第三產業轉移。

2015 年，北京市第三產業占 GDP 的比重達到驚人的 79.8%，而在中國，這個比重也超過一半，這兩個數據對中國意義深遠。

第三產業的生產力已經遠超第一、第二產業，成為這個經濟體的主導力量。

美國在 1990 年時服務業占 GDP 的比重就已經超過 50%，20 世紀 90 年代美國的經濟被美國聯準會主席珍妮特 . 葉倫的代表作稱為「令人驚艷的十年」。

2000 年時，美國服務貿易總額以 4735 億美元占據世界第一的位置，服務貿易出口額則是 2476 億美元，占當時世界服務貿易出口總額的 19.1%，服務貿易順差為 487 億美元。

山姆大叔透過互聯網和好萊塢電影，從全球各地賺取了大量美金。

如今，泛娛樂產業所涵蓋的電影、網遊等行業，已經在中國經濟的版圖中占據越來越重要的地位，就連過去靠地產起家的萬達，都在積極轉型，把資金投入萬達影業中。而王思聰，也一方面頂著中國第一網紅的頭銜，另一方面大力發展普思資本，將大量熱錢投人手遊、直播和電競聯盟中。

騰訊的泛娛樂化戰略

作為最早提出泛娛樂的騰訊，在泛娛樂的道路上也走得最遠。目前騰訊的泛娛樂框架已經非常完善（如圖 1-3 所示）。

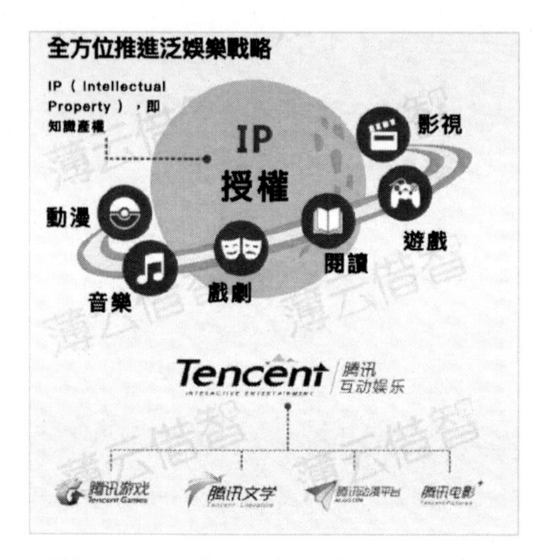

圖 1-3 騰訊互娛泛娛樂戰略框架（圖片來自薄雲借志）

我們可以看出，騰訊將「互聯網 +」同文創產業進行融合，又和文化產品相互連接，由此構成了「泛娛樂」概念。與這個概念一同出現的還有騰訊的四大實體業務平臺。

馬化騰在一次媒體溝通會上說：「泛娛樂是內容產業的方向。過去的 IP 版權是割裂的。現在 IP 的價值開始得到實現，系統性地綜合開發這些 IP，一定是大勢所趨。」由此可以看出騰訊對於「泛娛樂」的重視程度。

那麼，「泛娛樂」是在什麼樣的背景下產生的呢？（如圖 1-4 所示）。

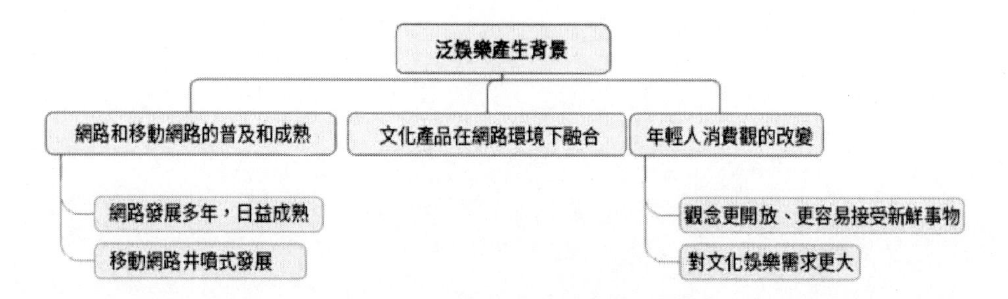

圖 1-4 「泛娛樂」產生的背景

騰訊「泛娛樂」概念發展 & 騰訊互娛架構

在 2015 年的中國遊戲產業年會上，騰訊遊戲副總裁蔡欣在演講中這樣定義騰訊的泛娛樂戰略：

騰訊泛誤樂的戰略定義是基於互聯網與移動互聯網的多領域共生打造明星 IP 的粉絲經濟，明星 IP 連接聚合粉絲情感的核心，多領域和諧共生基於互聯網兩大基拙要素，如杲時間軸往前，騰訊 2003 年涉足遊戲領域，經過十年的發展，從 2012 年開始推出動漫文學業務，直到今年騰訊影業正式成立，終於形成了泛娛樂的完整矩陣。

回顧這些年騰訊結合互聯網發展的技術，在文化創意產業各個領域培育明星 IP 的議程，從 2018 年 3 月騰訊提出的「互聯網 + 體驗」被寫入政府工作報告之後，「互聯網 +」已經迅速成為全社會的熱門概念，它的誕生標誌著互聯網乃至移動互聯網已經從最初的一種基礎的應用發展為全新產業生態的構建方式。

我們認為騰訊的泛娛樂戰略正是「互聯網 +」精神在文化創意產業中的具體演義與實踐，隨著互聯網特別是移動互聯網的飛速發展，我們的行業從單機遊戲走進網路遊戲，從傳統出版走進網路文學，實體動漫變成網路動漫，包括影視在內的文化創意產業範疇內的各個業務正在出現全新的發展思路與空間，泛娛樂代表了文創產業「互聯網 +」的理解又經歷了一次全面的升級。透過在遊戲、文學、動漫影視等領域的探索，讓我們看到了互聯網與傳統的內容創意產業相結合所帶來的巨大機遇。

第一，互聯網擁有更廣的用戶覆蓋，讓用戶進入門檻更低。

第二，互聯網帶來了快速疊代更新，有效地催生了創意，讓用戶的體驗更加豐富。

第三，互聯網帶來了更強的互動，讓用戶可以高度參與內容的優化改進。

第四，透過互聯網，無論內容、生產成本還是用戶獲取成本，都得到了大幅度的降低。

綜合以上四點，泛娛樂作為互聯網與文創產業融合的具體實現形式，它是互聯網技術推動下的商業創新，泛誤樂戰略最終的目標是在逐步地建立和完善各個垂直領域產業生態的同時，還將橫跨這些領域實現明星 IP 的自由穿梭、共融共生。無論是遊戲、文學、動漫、影視，我們並不排除在各個單領域中都會誕生新的明星 IP 的可能，但是作為完整的生態體系，明星 IP 在各個業務的角色將各有側重，動漫文學是內容產業的重要 IP 源頭，主要造成孵化的作用，影視可以迅速放大 IP 的大眾影響力，讓其更具有故事延伸性和想像力，遊戲可以促成用戶對於 IP 的持續情感黏著性，讓用戶擁有更深的參與感，更容易幫助 IP 實現商業化變現。

泛娛樂的核心為：明星 IP。

「明星 IP」是多樣的，可以是一個人物，可以是一個形象，也可以是一個故事，只要它能夠滿足有「廣泛的影響力」「龐大的粉絲群」「可以轉變為多種文化產品」這三個要求即可。

大陸國漫神話：《屍兄》

《屍兄》被稱為國漫神話，作者「七度魚」是浙江小城麗水的一位原畫師。截至 2015 年 3 月，《屍兄》的漫畫點擊率超過 48 億，動畫點擊率超過 14 億。在百度動漫排行榜上一度位居前三（另兩部是有日本「三大民工漫」之稱的《火影忍者》和《海賊王》，被《屍兄》超越的著名作品還包括《柯南》《銀魂》等）。作為騰訊動漫迄今最為成功的原創 IP，騰訊副總裁程武認為一個「高情感寄託、高用戶認知」的 IP 已經誕生。2014 年 8 月，騰訊動漫宣布將《屍兄》手遊版權授權給中青龍圖，授權價創迄今手遊業內最高紀錄。2014年9月，騰訊在「騰訊電影+」發佈會上，宣布要把《屍兄》改編成電影。作者「七度魚」也成為年收入破百萬元的職業簽約漫畫家。

泛娛樂的核心就是明星 IP，影視、文學、漫畫等不同文化產品的串聯也需要將「明星 IP」作為核心。所以，發展泛娛樂必須要有優質的明星 IP 做支持。

以明星 IP 為核心打造粉絲經濟，是泛娛樂的目的。

透過明星 IP 打造出不同文化產品在粉絲面前展示，讓粉絲為這個形象消費，這種消費就是粉絲經濟的核心。

騰訊互娛四大實體業務如何體現「泛娛樂」

騰訊互娛（IEG）旗下的四大實體業務「騰訊動漫」、「騰訊文學」、「騰訊影視」和「騰訊遊戲」都是為「泛娛樂」這一策略服務的。

騰訊動漫 & 騰訊文學：騰訊動漫內容通路主要分為「版權引進」和「國漫打造」兩種，儲備了大量優秀中國外動漫產品；騰訊文學則與盛大文學整合成為閱文集團，同樣在網文內容上占據優勢。IP 的內容源頭來自動漫和文學，這兩大實體業務保證了內容的持續性。不過，內容不應當只是單獨發展，還應當是多角度、多思路開發，這就涉及與影視及遊戲的 IP 聯動。

騰訊電影：一是透過「連接」的作用，透過互聯網平臺連接廣大用戶、專業人才、技術等，並用由此產生的訊息指導電影的投資、製作等環節；二是在騰訊遊戲、動漫、文學平臺上的海量 IP 中選取適合被改編成影視作品的內容進行孵化，透過影視作品擴大明星 IP 的影響力。

騰訊遊戲：逐步加強遊戲與文學、動漫、影視業務的共生融合，這一點可以從騰訊與劉慈欣、南派三叔、7 次圍棋世界冠軍得主古力先生等合作上看出苗頭。比如，和南派三叔在「《勇者大冒險》明星 IP」上的合作。

從騰訊的泛娛樂架構可以看出，騰訊的四大實體業務在泛娛樂中相互連接相互輔助，各有分工。泛娛樂離不開 IP 這個核心，騰訊文學和動漫的作用就是不斷地提供可供打造的 IP。騰訊影視則是透過螢幕宣傳，擴大 IP 的影響力，吸引更多粉絲。而騰訊遊戲則保證粉絲對 IP 持續感興趣，同時完成變現的步驟。

關於騰訊「泛娛樂」概念的總結

在當下互聯網及移動互聯網已經成熟的背景下，騰訊將不同文化產品相互融合，打造出「一個內容，多種形式」的明星 IP，然後將 IP 作為核心發展粉絲經濟。這種方式勢必會成為日後的主流方式。

未來，無論是電影、文學還是動漫等都不會再獨立出現，這些不同的娛樂產業將會被互相打通，互相轉化。泛娛樂就像是一張大網，透過這張網，不同領域的娛樂產業將被緊密地聯合在一起。

鬥魚 TV：兩年估值 10 億美元

鬥魚 TY 是中國非常有名的一家彈幕式直播分享網站（如圖 1-5 所示），最初為 AcFun 的生放送直播，2014 年更名，成為現在的鬥魚 TV。鬥魚 TV 的直播內容種類繁多，目前主要是以遊戲直播為主。

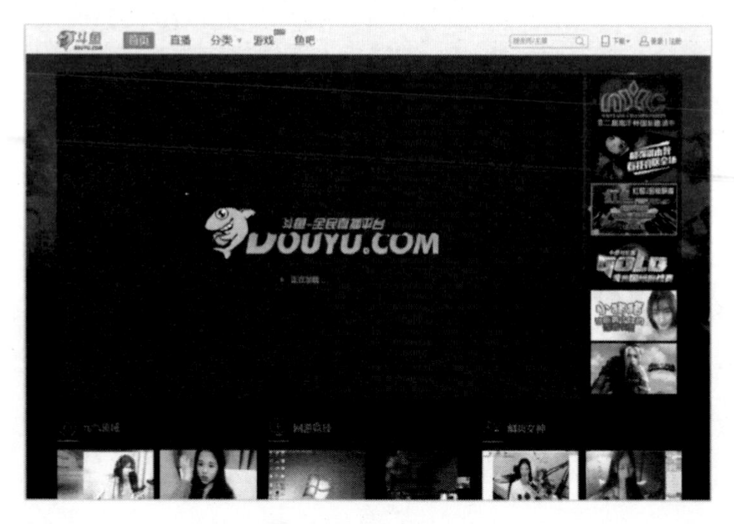

圖 1-5 鬥魚直播官網

2016 年 3 月 15 日，鬥魚 TV 宣布獲得騰訊領投的 B 輪超一億美元融資，同時，A 輪投資人紅杉資本及南山資本都將繼續投資。

鬥魚 TV 宣布獲超 1 億美元 B 輪融資騰訊領投

鬥魚 TV 對外宣布，完成新一輪 1 億美元（約 6.7 億元人民幣）融資，其中，騰訊出資 4 億元人民幣領投，紅杉資本進行了追加投資，跟投方還包括南山資本等。華興資本擔任此次融資的獨家財務顧問。

鬥魚 TVCEO 陳少傑表示：「在本輪融資完成後，鬥魚 TV 將與騰訊在資源和版權方面進行深度合作。2016 年，鬥魚 TV 將更加堅定地走直播多元化、內容精品化的發展道路，在現有基礎上把直播平臺拓展為包含遊戲、御宅、星秀、科技、戶外、體育、音樂、影視等眾多熱點為一體的綜合直播平臺。」

華興資本董事、總經理杜永波表示：「從過去幾年的市場發展情況看，鬥魚 TV 毫無疑問已經成為中國直播行業的領軍企業。

本次和騰訊的合作將進一步推動鬥魚 TV 向著綜合娛樂直播平臺的方向邁進。我們很高興看到鬥魚 TV 在成立不到兩年的時間內成為中國最大的在線直播平臺，相信公司未來能夠在管理層的帶領下獲得更大的成功。」

據悉，鬥魚 TV 還會擴張到更多新的領域中去，最終打造成一家綜合誤樂直播平臺。

鬥魚 TV 在用戶和流量數據方面，根據專門發佈世界網站排名的 Alexa 提供的數據顯示，目前鬥魚 TV 已經進人全球網站排行的前 300 名，在中國位列前 30 名，在中國視頻類網站瀏覽量排行榜中位列前十，直播類網站中排名第一。

根據鬥魚 TV 提供的數據，2015 年晚高峰時段的訪問量已經達到淘寶訪問量的 80%，同時在線的主播人數超過 5000 位。

「鬥魚」如何用兩年時間，從無人能懂做到估值 10 億美元？

不斷被各種負面新聞纏身的鬥魚，於 2016 年 3 月 15 日宣布獲得騰訊領投的 B 輪超一億美元融資，成為直播行業中的「獨角獸公司」（在矽谷，那些估值超過 10 億美元的初創企業被稱為「獨角獸公司」）。

從成立到估值 10 億美元，這一過程鬥魚只用了短短的兩年時間。

而在兩年前，很多人還都不知道鬥魚是什麼。是什麼原因讓眾多投資者看好鬥魚的前景呢？想要知道這個問題的答案，首先來看一下鬥魚的發展史。

2014 年 1 月 1 日，鬥魚 TV 正式成立。

2014 年 2 月，鬥魚 TV 成為電競俱樂部 OMG 的冠名商。

2014 年 3 月，鬥魚 TV 和電競俱樂部 IG 達成合作，成為 IG 的贊助商。

2014 年 7 月，鬥魚 TV 成為電競俱樂部 HGT 的冠名商。

2014 年 9 月，鬥魚 TV 所冠名的三支電競戰隊：EDG，皇族、OMG 在英雄聯盟比賽項目中進入世界八強。

2014 年 10 月，鬥魚 TV 和電競俱樂部 CDEC 達成共識，成為其獨家冠名商。

2014 年 11 月，鬥魚 TV 爐石電子競技俱樂部宣布成立。

2016 年 3 月 15 日，遊戲直播平臺鬥魚 TV 宣布獲得騰訊領投的 B 輪超一億美元融資，同時，A 輪投資人紅杉資本及南山資本都繼續投資。

業內人士認為，遊戲直播行業被鬥魚的出現和崛起所帶動。2015 年，由王思聰創辦的熊貓 TV 宣布上線，熊貓 TV 的出現讓電競直播行業的競爭更加激烈。

目前中國遊戲直播市場主要被五家直播平臺所掌控，這五家分別是鬥魚、熊貓、虎牙、戰旗及龍珠。而此次鬥魚 TV 的成功融資似乎代表著直播行業新一輪的整合期即將開始。

「鬥魚找到遊戲直播的風口絕非偶然」，鬥魚創始人兼 CEO 張文明表示：面對日益激烈的行業競爭，自己並沒有太過擔心。因為在他眼中，絕大多數失敗都不是因為競爭對手，而是因為自身的原因。

我們回顧鬥魚 TV 快速發展的歷程，就會發現：鬥魚的商業模式並不是投資人所看重的，投資人看重的是鬥魚能夠精準找到用戶痛點及強大的技術攻勢。

鬥魚匯聚了一大票有趣的人

和過去的網頁端直播相比，鬥魚直播要「有趣得多」，在這個平臺上彙集了一大票非常有趣的人。

鬥魚就像一個窗口，網友們能夠透過它看到別人生活的世界、透過它瞭解別人的日常，以往我們能夠看到的都是明星、大腕兒，但是鬥魚不一樣，它是平民化的，也是生活化的。

以鬥魚名人「威海大叔」為例『一位大叔直播吃海鮮，竟然有 20 多萬人圍觀。

吃貨的力量！「威海大叔」直播吃海鮮引 20 多萬人圍觀注

說起網路主播，大家腦海裡浮現出的大多是年輕貌美的女主播。然而，我市一名叫做「威海大叔」的網友，卻不是靠臉吃飯的主播，他是靠著直播吃海鮮，從一個「草根」大叔，成為新晉「網紅」。

直播吃海鮮，20 多萬人圍觀

3 月 28 日晚上 8 點 20 分，「威海大叔」越成一回到家，就在自己不足 5 平方米的廚房裡忙活起來。架起三腳架，打開電腦，擺好手機，將各種海鮮擺盤，他就開播了。

「今天有點事耽誤了，兄弟們！現在馬上開始！」剛一開播，平臺顯示有 1000 多人在觀看。

「大叔，等你半小時了！」

「大叔，遲到了怎麼罰？」

「大叔，我是不是第一個？」

比原定直播時間推遲了 20 分鐘，中國各地的網友按捺不住了，紛紛留言刷屏。同時，更多人湧進他的直播間。

「大叔，開吃吧，先開個頭吧！」在網友們的熱情呼籲下，越成拿出一個大赤貝，嫻熟地順著開口處兩頭各開一刀，裡面紅色的血就流了出來。洗了洗開口處的泥，將赤貝肉刮下來切成片放在殼裡，蘸著辣根、陳醋調成的醬汁，越成津津有味地吃了起來。吃完後他還順勢把湯汁一股腦兒喝了，哈得直晃腦袋。

「大叔是韋小寶附身了！辣根來三條！」「今天吃飽了才來看直播的，不怕你了！」……開播 10 分鐘，觀眾達到了 1.9 萬人。

截至次日凌晨直播結束時，圍觀的網友一直維持在 20 多萬。

只要時間充裕，買海鮮的過程越成也會直播。

「開播」三個月，創下 52.6 萬人圍觀紀錄

20 多萬人圍觀是常態，作為一名僅上播三個月的新主播，越成在 3 月 19 日晚上創下 52.6 萬人圍觀的紀錄。

網友千千萬，愛好各不同。年齡有點大、顏值不算太高的大叔，僅憑藉著直播吃海鮮就能「降服」各路網友？

答案是否定的。直播過程中，越成與生俱來能耍寶的特質和幽默感，是美食之外吸引眾多網友的重要原因。

當晚，看著觀眾們反應熱烈，越成開始耍起寶來。他豪爽地捲起袖子，玩起了殺海鮮特技。挑了海膽、蝦、海螺等幾種海鮮裝盤後，他拿起筷子和烤盤上活蹦亂跳的蝦子上演了一出「搏鬥」戲。

配合著他搞怪的動作，幽默的臺詞，這齣戲瞬間吸引了 11.1 萬人觀看。而在直播過程中，各種即興表演都是他的家常便飯。

當網路主播前，開過服裝店做過安裝工今年 39 歲的越成走紅有點偶然。

2003 年，因為工作原因越成從東北來到威海定居。「天藍海藍，路面特別乾淨。」他決定在威海紮根。

十幾年來，越成換了 8 份工作。在網咖當過網管、幫別人修過摩托車、在工地上當過裝卸工，還開過服裝店……做主播之前，他在一家電器公司安裝空調。

安裝一臺空調賺 40 元人民幣，平均下來一天能賺一兩百元。但這份工作受淡旺季影響較大，也很辛苦。2015 年底，老闆拖欠薪資，他就辭掉了工作。

越成把辭職的消息告訴了朋友，朋友建議他試試做網路主播。原本就喜歡看戶外直播的越成，拿著妻子給的一萬元「啟動資金」就行動了。

剛開始，越成只是直播他外出遊玩的場景，人氣一直在幾百人左右。2 月份的一天，越成在夜市直播海鮮大排檔，當鏡頭裡出現「10 元 5 個烤生蠔」時，直播間一下熱鬧起來。網友「你們威海海鮮那麼出名，怎麼早不給我們看看？」的話，讓越成找到了直播方向。

第二天，他就去市場買了海虹、扇貝、花蛤，回家煮了一大鍋，放在桌子上直播吃海鮮。「那天晚上，看我直播的觀眾第一次過萬。」此後，越成就把直播吃海鮮作為主要內容，並命名為「深夜放毒」。

隨後，他在直播吃海鮮的路上越走越遠，火得一發不可收拾。

晝夜顛倒工作，每天收入四五百元人民幣

大家聽著以為直播很輕鬆，可記者跟他體驗了一會兒才發現，直播也是個辛苦活。

3 月 29 日下午 3 點半，越成帶我直奔海鮮市場，也同時開啟了買海鮮的直播過程，一邊讓網友看，一邊問大家想「吃」什麼。一個半小時後，赤貝、花蛤、扇貝、蟶子、海參等十幾樣海鮮到手。

晚上 8 點鐘，越成回到家準備直播，開門後屋裡漆黑一片。「他們可能出去玩了。」越成來不及跟妻子聯繫就匆忙開播了。

30 分鐘後，越成的妻兒回來了。看到爸爸在家，兒子開心地跑向廚房。怕耽誤直播，越成趕緊示意妻子將兒子抱走。

越成說，因為晚上要直播吃海鮮，所以從開播以來，他從未和老婆孩子一起吃過晚飯。每次採購完海鮮，他通常都買盤餃子吃，休息一會兒後就開始直播，一直到凌晨一兩點。

晝夜顛倒的工作時間，引來了很多粉絲。粉絲每天送給他的虛擬禮物，是他收入的主要來源。

如今，越成雖然步入「網紅」行列，但每天四五百元的收入，讓他覺得「並不可觀」，因為設備加上每天購買海鮮就要花費兩三百元，越成三個月已經投入 2 萬多元。

有人百萬年薪招攬，他卻想創品牌

越成說，除了虛擬禮物外，廣告收入也是這行的主要收入來源。

雖然火了以後，很多賣鞋、賣衣服、賣小吃的廣告商找他投放廣告，但他覺得還是要先站穩腳跟，再想如何賺錢。

越成給我們看了他手機上的 QQ 聊天記錄，不少經紀公司想要跟他簽約，有一家公司甚至開出了年薪 100 萬元的高價，但都被他拒絕了。

越成認為，如果簽約，他必然要按照公司設定的路線直播，而不能隨心所欲直播自己想要表達的東西，「直播對我來說雖然是謀生之道，但是播著播著，也喜歡上了這份工作。我要把威海的美和特色展示給中國人民看，這也是我當初的諾言。」

威海大叔很有趣，而在鬥魚有趣的卻不止他一個。平民化、有趣，是鬥魚立足的根本，代表的是鬥魚在過去兩年中的成功，只是現在，鬥魚正面臨更大的挑戰。

群雄混戰才剛剛開始

《2015 年中國遊戲產業報告》的數據顯示，2015 年，中國遊戲用戶數量已經達到 5.34 億人，同比增長 3.3%，遊戲市場總收入達到 1407 億元，同比增長 22.9%。

雖然中國遊戲產業的增速有所放緩，但是依然呈高速增長的態勢。而遊戲直播行業處於遊戲市場及電子競技產業鏈的中心位置，未來的前景自然一片光明。

中國的遊戲直播行業在兩年野蠻生長的過程中，伴隨著各式各樣的新聞，有正面的，也有負面的，比如，天價薪酬的遊戲主播、各大平臺爭搶主播、多次出現低俗直播內容、互聯網大廠相繼進人這個行業等，這些訊息屢屢讓遊戲直播行業成為公眾和媒體關注的焦點。

想要瞭解這個行業，首先要瞭解行業的大廠（如表 1-1 所示）。

表 1-1 直播行業的五大大廠

直播行業五大巨頭	
虎牙直播	虎牙直播源於曾經的YY直播，背後有歡聚時代和小米的支持
戰旗TV	背後有傳媒巨頭浙報傳媒支持
龍珠直播	背後是騰訊及游九遊戲
熊貓TV	創始人是王思聰
鬥魚TV	已經有奧飛動漫和紅杉資本支持，現在騰訊也加入進來

在遊戲直播行業井噴發展的同時，也伴隨著亂象叢生。比如惡意爭搶平臺主播，直播內容侵權，直播人數造假等。這些亂象也從側面反映出該行業競爭的激烈。

鬥魚選擇接受騰訊的投資，與行業的激烈競爭也不無關係。況且僅做一個單純的遊戲直播平臺絕對不是鬥魚想要的，從鬥魚的一系列行為就能夠看出。比如，直播受到全世界關注的圍棋「人機大戰」、直播「維多利亞的秘密」時裝秀等，而前段時間非常火的《太子妃升職記》幕後花絮也被鬥魚進行了獨家直播。

不過，鬥魚在風光無限的同時，也被各種問題所困擾，接二連三的直播風波讓鬥魚被網路訊息部約談，並且被中央電視臺點名批評。看來，被眾多投資人所看好的鬥魚並不能高枕無憂，挑戰無處不在。

未來發展

鬥魚 TV 聯合創始人兼總裁張文明在接受《長江日報》採訪時稱，鬥魚從遊戲直播到體育競技，再到生活、娛樂等，希望真正打造一個平民及全民的泛娛樂平臺。

騰訊投資總監余海洋表示：「互聯網視頻直播有著用戶參與內容創作、實時高互動等特點，目前在遊戲領域發展較為迅速，也延展到體育、娛樂、科技、教育等越來越多的領域。鬥魚從遊戲直播領域切人，在過去一年多的時間發展迅速，獲得了用戶的認可，也有大量的非遊戲內容在鬥魚直播平臺湧現。作為投資方，我們很認可。」未來除了在遊戲直播領域進行更深人的合作外，騰訊也希望在其他內容領域與鬥魚攜手，透過直播的方式，為用戶提供更多高質量的內容。

未來，鬥魚 TV 還會擴張到更多新的領域中，目標是打造成一家綜合娛樂直播平臺。

「有趣」的鬥魚 TV

想要徹底瞭解鬥魚，首先需要瞭解它背後的投資人，這位投資人是一位 85 後！

他就是紅杉資本的曹曦。曹曦進入 VC（venture capital 風險投資）這一行僅 4 年時間，就成為紅杉資本的董事、總經理，在投資鬥魚的同時，他還投了其他四家公司，分別是：懂球帝、萬合天宜、快手、愛鮮蜂。

曹曦投資鬥魚 TV 是在 2014 年，也是最早投資鬥魚的成員之一，並且當時進人鬥魚的價格低於之後所有投資人進人的價格。

可以說曹曦就是因為這次投資被媒體關注的。

為什麼會投資鬥魚呢？在 2013 年，Twitch 在美國備受矚目，誰也沒想到這個成立於 2011 年的遊戲直播網站能夠超過 Facebook、亞馬遜、Hulu 和 Pandora，在美國高峰時段流量排行榜中位居第四。

曹曦從 Twitch 得到了一些啟發，之後就聯繫上鬥魚的 CEO 陳少傑。兩個年紀相仿的年輕人透過電話交流的時間超過 200 小時，他們的交流內容大都是各自關於產品的看法和見解。

2014 年的鬥魚並沒有現在這麼多的電競主播，而曹曦看好鬥魚的原因就是因為它非常有趣。

閒時曹曦也經常去鬥魚上逛，尋找有意思同時有潛力的人。

比如「威海大叔」。曹曦注意到「威海大叔」時，他的粉絲只有一千多人，但是曹曦看過這個「大叔」的直播後，感覺「午夜報復社會吃海鮮，肯定能火」。之後曹曦就和陳少傑溝通：「威海大叔」非常有潛力，值得多關注。如今「威海大叔」的人氣已經突破百萬。

藍港互動：定位大 IP 戰略，全力發展泛娛樂

2016 年 4 月 29 日，「2016 藍港遊戲戰略發佈會」在北京召開，藍港 CEO 王峰宣布：藍港將以《蒼穹之劍》為核心，打造覆蓋手遊、影視、動漫、主機和 VR 的全面超級 IP，並且還會與好萊塢進行合作，以此來做到 IP 全球化（如圖 1-6 所示）。

圖 1-6 藍港互動官網

2016 年，藍港互動第一季度收入 1.67 億元，同比增長 47.3%。

藍港互動第一季度收入 1.67 億元手遊占比 93.4%

5 月 13 日消息，藍港互動（08267.HK）公佈了截止到 2016 年 3 月 31 日的第一季度業界報告。報告中提及，藍港互動第一季度收入 1.67 億元，同比增長 47.3%；首季虧損收窄至 727.7 萬元人民幣，每股虧損 0.02 元。

報告披露，藍港互動第一季度網路遊戲開發及運營收入主要分為兩個部分：①遊戲虛擬物品銷售收入約為 1.57 億元；②授權金及技術服務費為 999.2 萬元。

按類別劃分，藍港互動第一季度手遊收入 1.56 億元，占總比 93.4%；頁游收入 136.7 萬元，客戶端遊戲收入 934.8 萬元。其中，自研遊戲收入 1.18 億元，占比 70.7%；代理遊戲收入 4893.4 萬元，占比 29.3%。

藍港互動透露，收入增加主要由於今年 1 月成功推出全新自主開發手遊《蜀山戰紀》。此外，期內毛利為 8268 萬元，上升 61.97%，毛利率為 49.6%，毛利增加主要是來自自研遊戲的收入占比有所增加。

從現在的情況來看，藍港之前幾次大動作證明，藍港不僅注重在移動遊戲領域裡發展，還注重打造遊戲內容，並將遊戲內容作為 IP 進行泛娛樂運作。這也是藍港上市之後受資本影響而做出的改變。

藍港的這種改變其實就是如今遊戲行業的一個縮影，目前遊戲市場競爭激烈，所有的遊戲公司都在尋找新的突破口，以便能夠在未來的競爭中站穩腳跟。

代理髮行，降低市場風險

2014 年 3 月，藍港的 3D 卡牌遊戲《神之刃》上線，這是繼格鬥遊戲《王者之劍》和 3D ARPG《蒼穹之劍》大獲成功之後，藍港打造出來的「第三把劍」，同時，《神之刃》也標誌著藍港開始了自己代理髮行之路。隨著市場遊戲數量快速增加，不少手遊開發公司開始從自研轉型為代理髮行。

那段時期，手遊行業發行遠比自研遊戲更具有市場機會。因為自研一款新遊戲所需要投人的精力，足夠代理 10 款新遊戲了，相比之下，代理成功的效率遠遠高於自研。自研遊戲所承擔的風險也較大，而代理髮行遊戲，只要瞭解市場，有通路資源就足夠了，這些條件那些曾經自研的公司都可以滿足，所以代理髮行成為一個不錯的選擇。

不過藍港在代理髮行的同時，依然保留著自研遊戲的業務，自研依然是遊戲公司的硬實力。

打造大 IP

藍港互動的廖明香總裁在《從大 IP 泛娛樂看藍港互動的研發和發行》中，談到藍港互動的企業策略，以及如何推行大 IP 泛娛樂。筆者從廖明香總裁的演講中，總結出藍港互動企業戰略的幾大特徵（如圖 1-7 所示）。

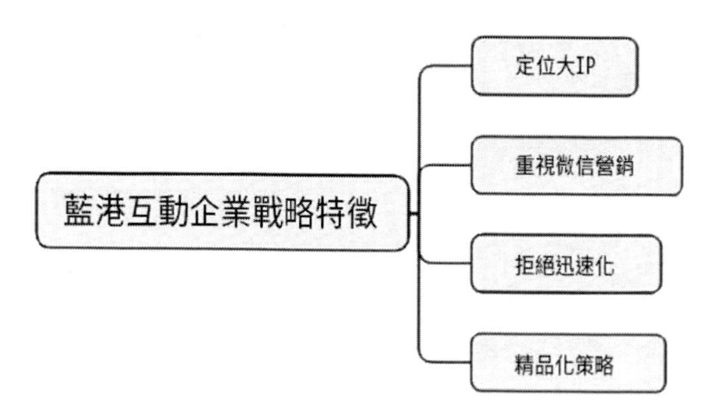

圖 1-7 藍港互動的企業戰略特徵

特徵 1：定位大 IP

在談到企業定位時，廖明香說：「大 IP 泛娛樂是藍港在去年和今年很重要的一個關鍵詞。我們的關鍵點是落在藍港遊戲的研發和發行。我借助冷笑話和 IP 的組合跟大家做一個闡釋。這是』十萬個冷笑話『的產品表現，我們在 3 月 18 號正式上線，上線一週獲得非常好的三榜的成績。大家知道 APP Store 的三榜相對來說上升到一定的高度非常難。」

「但是，在我們上線一週的時間裡分別取得了三榜前十的成績，讓我們非常欣喜。同時在 DIU一直保持在一百多萬元，這也是藍港第二款破百萬元的產品。這個成績讓我們非常欣喜。每年達到新高時，公司都會開香檳慶祝，各種 Happy。但是，那次我們很冷靜。我猜想下一次可能希望奔著 200 萬元的 DIU 去做了。」

如今，作為遊戲公司想要規避風險，打造自主 IP 似乎是一個非常高明的方法。因為一個 IP 的發展方向可以有很多種，一條路走不通再換另一條，從這點看 IP 就有了較大的成功機率。如果確實是這樣，那麼今後大部分遊戲公司都會將精力放在 IP 的打造上，這種發展方向也可能成為未來遊戲公司的主流方向。

但需要注意的是，如果看到別的自研遊戲公司轉型做發行代理，你也跟風去做，卻並不一定能夠成功，而你如果去做影遊互動，或許話題、內容剛好都符合當下市場需求，那就成功了。這些都是市場中的不確定因素。大家爭相去做 IP，結果怎麼樣並不好說。

出現這些情況主要是因為手遊市場以產品為主，有非常多的不確定性。規模再大的遊戲公司，如果長時間沒有新的突破，也有可能被後來居上的小公司擊倒。這就是最現實也是最殘酷的市場規律。

特徵 2：重視微信行銷

藍港娛樂進人微信行銷的時間也非常早，現在它的微信公眾號和服務號的訂閱量已經達到 150 萬。

廖明香對此表示：「另一個值得關注的是我們在微信的公眾帳號，我們可能是行業內比較早做手遊的微信公眾帳號及服務號這一塊的。從第一款產品開始，我們非常在意微信的公共帳號及服務號的建設。現在客服 50% 的服務量都來自微信的服務號，這是一個非常方便與用戶進行溝通、以及幫他們提供服務的方式。我們平常在活動中也好，宣傳推廣中也好，很在意對公眾號的建設。所以，我們在十萬個冷笑話上線一週多的時候，公眾號的關注就突破了 70 萬人次。

「藍港的七款產品，整體達到 150 萬以上的微信公共號的訂閱量。這其實也從側面說明遊戲粉絲對產品的真正認同。假如他對你的產品沒有興趣，取消是非常容易的。但是，為什麼在長達幾年的時間裡，整個微信公眾號的數量一直在持續上升？說明藍港用戶確實有了一定的忠誠性。」

特徵 3：拒絕迅速化，花長時間打磨產品

寧可多花時間也要打造精品，這是藍港對做產品的態度，他們的優勢也在這裡。在談到如何策劃遊戲時，廖明香說：」其實我們做遊戲產品的時候，會碰到非常多的 IP 的所有權人與我們談合作，大部分會遇到這樣的情況。比如，我們今天談過一個非常有名的網劇，它的所有權人跟我們提的要求是：你能三個月出版本嗎？六個月上線運營嗎？我們說這個肯定做不到，如果只是拿一個產品簡單地換一個皮，可能不需要半年，三個月就可以商業化了。但凡遇到這種 IP 合作所有權人，我們的態度是拒絕。簡單換皮的標準並不是我們對 IP 的理解。我們做《十萬個冷笑話》的時候也有幾個幕後故事可以跟大家做分享。

「我們在 2012 年把《十萬個冷笑話》的 IP 簽下來了。2013 年花了大半年的時間，與我們的研發方包括藍港的產業運營方，一直在討論這個 IP 可以做一個什麼樣的產品，應該怎麼做？我們推翻了一版又一版的設想和方案，研發方對此也非常感謝。如果你急於上線，我們恨不得你趕緊收錢，我們有巨大的經濟壓力和產品壓力，所以《十萬個冷笑話》真的花了非常多的時間，源於我們整個團隊對它的精神內涵的理解。」

能夠耐得住寂寞、擔得起壓力，花長時間打磨產品，是藍港成功的一大因素。

特徵 4：精品化策略

從藍港最早的三劍，再到如今火爆的《十萬個冷笑話》，藍港始終如一堅持著精品策略，內容娛樂化、業務平臺化、市場國際化：藍港一定要做精品。用廖明香的話講：「我們一直在努力，但是我們的方向和宗旨會一直不斷變化，不管怎麼樣，我們始終秉持精品去做。」

要做精品，就要吃透每一個品類：藍港一定要做精品，做大片。每個項目組都有自己獨特的風格和方向。因為只有吃透一個品類，才有可能在這個品類上積累非常豐富的經驗。

2015年，藍港互動的關鍵詞是「內容娛樂化、業務平臺化、市場國家化」（如圖 1-8 所示）。

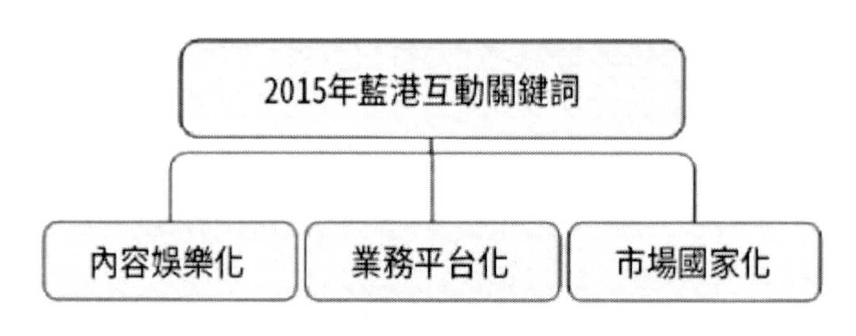

圖 1-8 2015 年藍港互動的關鍵詞

內容娛樂化：因為遊戲本身就是最大的娛樂產品，藍港互動身處的也是娛樂產業，立足娛樂、把握娛樂就是藍港互動堅定不移的方向。

業務平臺化：藍港的業務方向是逐漸從研發 + 發行，向越來越多平臺去延展。

市場國際化：國際化是每個行業每個企業的夢想。而身處遊戲行業的藍港，在這方面具備先天的優勢，可以說是有得天獨厚的條件。

①開展影遊互動

藍港近兩年大動作不斷，先是投資了永樂票務和星美控股兩家公司，然後和吳奇隆聯手成立合資公司，合作研發手遊，著手影遊互動佈局。

因為在遊戲中植入明星 IP 所產生的效果很好，所以很多遊戲公司都將目光放在影視上，希望透過跨界合作的方式來提高遊戲的關注度，從而產生規模效應。而 2015 年《花千骨》的成功，更加堅定了遊戲公司走影遊互動的信心，遊戲公司從《花千骨》中看到了影遊互動對遊戲所產生的巨大影響，而且對遊戲公司的品牌及自研實力也是一種宣傳。畢竟目前手遊自研產品都大同小異，想要靠遊戲本身取得成績比較困難，因此，借助宣傳就成為取得成績的一個有效途徑。

2016 年，藍港互動 CEO 王峰宣布藍港影業公司正式成立，這是他的第三次創業。在發佈會上王峰說：「此生，若我不做電影，一定會後悔莫及，悔得跟鹹魚一樣。」藍港影業的成立宣告藍港正式進入電影行業，同時也進人了泛娛樂領域。與之前透過影遊互動的方式做手遊相比，這次藍港互動直接開始進行跨領域佈局。

如今，遊戲公司對 IP 的重視前所未有。IP 能降低遊戲公司所面臨的風險，同時還能幫助遊戲公司找到新的出路。因為 IP 是涉及多領域的，所以一個成功的 IP 可能會讓遊戲公司在多個領域獲得成功，即使 IP 在某一領域並不成功，那麼也可以轉換方向，在其他領域尋求成功。

②投資跨平臺，招攬更多優秀開發者

2014 年 6 月，藍港投資的斧子科技成立。在這一年，中國有關遊戲主機的禁令解除，家用主機在中國打開了全新的市場。斧子科技正是看到了市場的前景，才選擇此時進人家用主機行業。

遊戲主機禁令的解除，也讓 2015 年中國家庭娛樂市場一片大好，同時中國獨立遊戲也開始初露鋒芒。

這一年多款優秀手遊作品面世，這些作品的背後是一批出色的獨立遊戲開發者，如今傳統的通路優勢已經不明顯，而內容顯得非常重要。內容需要優秀的遊戲開發者來提供，因此藍港互動透過多種方法招攬人才並有了不錯的收穫。

第 2 章熱點：釋放互聯網原住民新能量的泛娛樂

2.1 鏈接眾生：龐大的亞文化人群就是泛娛樂的基礎

摘要：

80 後、90 後、00 後是亞文化的主要受眾，只有真正理解他們，認可他們的「意」，才能創造出有價值的東西。

如果你以過去的眼光來看待互聯網時代的產業鏈，自然無法明白其中的關鍵所在，必須要保證自己不掉隊，才能不被時代所淘汰。

互聯網原住民的力量：龐大的亞文化人群（互聯網原住民）

中國 PC 互聯網發展多年，已經非常成熟，而移動互聯網隨著終端資費的下降及 Wi-Fi 的普及，近兩年出現井噴式增長。如今大眾能更方便地參與進娛樂中，娛樂已經成為大眾生活中不可或缺的一部分。以此為基礎泛娛樂會有很好的發展空間，娛樂商業變現也會更加容易。

在互聯網中，多種不同類型的文化產品可以相互融合，泛娛樂當中的「泛」就是指的這一點。在互聯網環境下，文學、遊戲、影視、音樂、動漫等文化產品不再是孤立的，互聯網能夠將它們協同起來，以此打造一個明星 IP。

以上都是泛娛樂產生的背景，真正促使泛娛樂爆發的，還是互聯網的原住民：龐大的亞文化人群。

80 後、90 後、00 後的根據地在互聯網，同時他們也被認為是龐大的亞文化人群。

首先要明確一下：什麼是亞文化？

亞，即第二，非主流。在過去，春晚是主流，傳統形態是主流。動漫、二次元、電競、網文，這些都是非主流，痴迷於這些的年輕群體曾被定義為「亞文化」的主要受眾。

而隨著 80 後、90 後、00 後的成長，他們正在成為主流，這是自然規律，也是社會規律，是人口增長帶來的福利。誰抓住了現在的年輕人，誰就抓住了未來。

有龐大的亞文化人群做基礎，才是泛娛樂爆發的真正原因（如圖 2-1 所示）。

年輕的受眾是今後的消費主力

80 後、90 後是新一代的消費主力。因為從小成長於互聯網環境下，這兩代消費者消費觀念開放，容易接受新鮮事物，同之前的消費主力相比，他們對於文化娛樂方面的需求明顯增大。

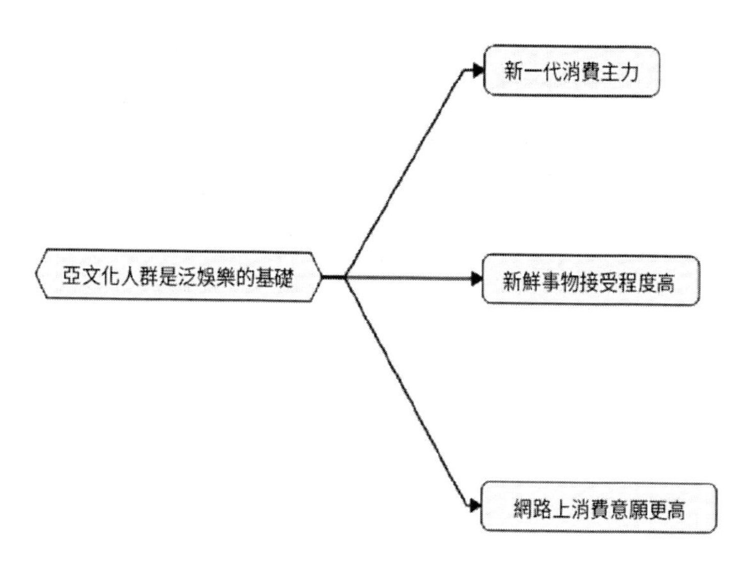

圖 2-1 亞文化人群是泛娛樂的基礎

泛娛樂正是在這些消費者的支持下才得以發展。

年輕群體對互聯網和新生事物的接受程度更高

80 後、90 後和 00 後從小就接觸互聯網，互聯網在他們的生活中占據重要地位。比如，他們對互聯網上的新生事物非常感興趣，他們喜歡透過網路來獲取訊息，而不是傳統的電視或者報紙。同時這一人群大部分都是獨生子女，因為沒有兄弟姐妹，他們缺少同代溝通而感到孤獨，透過網路能夠讓他們與更多的人溝通，這讓他們對虛擬世界的喜愛度變得更高。

要記住，我們要的不只是現在，還有「未來的中年人 + 中產階級」。那些做得最成功的明星 IP 產品，無一不是緊貼年輕人的需求。

非主流正在成為主流

提起電競選手 SKY，相信絕大多數人都不陌生。雖然現在 SKY 已經退役，自己當起了老闆，但是一提起他還是會引起很多 80 後對青春、對遊戲的回憶。

遊戲產業在很長的一段時間裡都不被大眾所接受，一提起遊戲人們就會聯想到玩物喪志、網癮、網路鴉片等負面作用。韓國 WCG 的出現催生了第一批職業遊戲選手。經過多年的發展，大眾終於發現：原來在遊戲產業中確實有職業選手存在的必要，而且發展空間還非常大。

隨著 SKY 等老一批職業選手的退役及 WCG 的結束，PC 端遊戲的黃金時代已經過去，一個新的時代已經到來。

隨著移動互聯網的日益成熟及智慧手機的普及，手遊成為遊戲中新的寵兒，有著巨大的市場。而中國是世界上移動網民最多的國家，毫無疑問，中國將會成為這個市場的主體。

韓國的 WCG 宣告結束之後，中國逐漸取代了韓國傳統遊戲強國的地位，成為電競的主要戰場。同時，電競、遊戲直播、遊戲解說等一系列與遊戲相關的行業都和超高薪掛上了鉤，吸引無數人投人其中。

根據數據，2016 年中國遊戲直播觀眾達 1 億人次，其中有一部分觀眾還是消費主力，而目前這塊市場還是藍海市場。

2015 年 10 月 24 日，由英雄互娛等眾多遊戲廠商發起的中國移動電競聯盟正式成立，成為遊戲直播的利器。

英雄互娛旗下有以電子競技視頻為核心內容的英雄傳媒，並擁有業內知名遊戲解說，比如張宏聖（BBC）、周凌翔（海淘）等。

和 PC 互聯網遊戲時代相比，移動互聯網時代的手遊市場更加巨大，產業鏈也更加完整，同時也吸引了足夠多的人員參與進來。

如今天價電競主播已經屢見不鮮，年薪千萬的也不乏其人，這個收人水平堪比大公司高管。

華誼兄弟同擁有完整手遊產業鏈的英雄互娛強強聯合，這情況在未來行業中將是大機率事件。

在一個前景廣闊的行業中，選擇繼續持有才是明智之舉，而不是今年感覺房地產市場有潛力，就進入房地產，明年股票市場又見曙光，轉而又投股票。

泛娛樂各個產業現在處在同一輛戰車上，正在瘋狂地向前衝，前方的蛋糕越來越大，最後的結果就是雙贏，大家都有錢賺。

如果你以過去的眼光看待互聯網時代的產業鏈，自然無法明白其中的關鍵所在。但是要記住的一點就是，現在發生的種種新潮流或者新變化你可以不用立刻瞭解，但是必須要保證自己不掉隊，不要被時代所淘汰。

《十萬個冷笑話》：國民動漫背後的商業邏輯

要瞭解 80 後、90 後、00 後究竟喜歡什麼，我們可以以《十萬個冷笑話》為例（如圖 2-2 所示）。

《十萬個冷笑話》最早以漫畫形式出現，點擊量超過 15 億。

2012 年，有妖氣動漫在多方籌備下投資製作了《十萬個冷笑話》的動畫片，第一集在 7 月 11 日正式上線。

圖 2-2《十萬個冷笑話》官網

第一集內容來自《十萬個冷笑話》漫畫中的哪吒篇，金剛芭比哪吒出世了。

《十萬個冷笑話》動畫片的第一集在新浪微博發佈之後，僅僅 3 小時轉髮量就破萬，轉發熱度在當天排名第一。動畫視頻在微博上還獲得了「歐弟」等明星的轉發支持。這也使得《十萬個冷笑話》漫畫的日訪問量突破 100 萬，並且榮登百度搜索風雲榜 7 月榜單的第二名，《十萬個冷笑話》熱度指數曾一度達到 27 萬。

經過互聯網的發酵，《十萬個冷笑話》三天內播放總量迅速突破 1000 萬次，而且傳播到了海外，在 YouTube 上的同期播放量，也突破 60 萬次。

2013 年 8 月，《十萬個冷笑話》透過網路集資、粉絲自願掏錢支持的方式籌得了上百萬元人民幣，成功啟動電影項目。

2014 年 12 月 31 日《十萬個冷笑話》首映，僅半天票房就突破了上千萬元，加上元旦當天的票房，兩天收穫了 2230 萬元，上映三天半後，《十萬個冷笑話》報收 7660 萬元。

《十萬個冷笑話》最終創造了一個票房奇蹟，上映 24 天後統計票房為 1.2 億元，成為 2015 年的開年票房黑馬。同時成為繼《喜羊羊與灰太狼》系列和《熊出沒》系列之後，第三個電影票房過億元的國產動畫品牌。

《十萬個冷笑話》的厲害之處在於，它還被業內人士評價為「中國電影史上第一部票房過億元的非低齡國產動畫電影」。

為什麼《十萬個冷笑話》可以火

中國的動漫產品不少，但是為什麼《十萬個冷笑話》能火，能夠受到這麼多年輕人的認同呢？（如圖 2-3 所示）

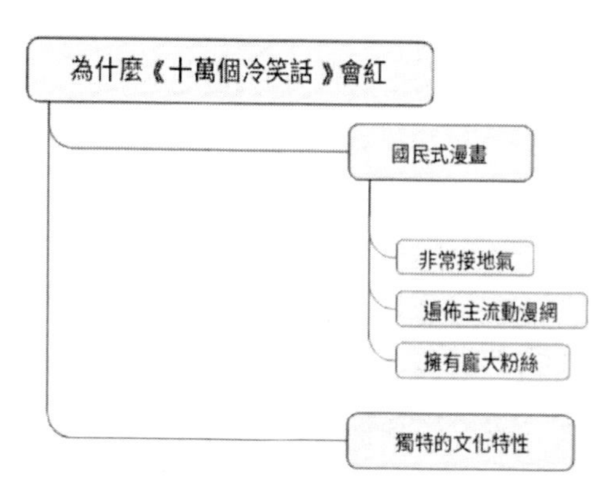

圖 2-3 為什麼《十萬個冷笑話》會火

國民式動漫：非常接地氣

《十萬個冷笑話》是一個國民級動漫的代表，它既有日本動漫的特徵，也有歐美漫畫的一些特徵，但是最重要的，還是它有中國式搞笑的動漫風格，人物也是中國傳統文化中大眾最熟悉的人物，這使《十萬個冷笑話》非常接地氣。

《十萬個冷笑話》在跨年齡段這一方面做得非常成功，剛剛推出時，它主要面向 80 後，後面慢慢增加了很多 90 後、甚至 00 後的粉絲，其覆蓋的群體正好是動漫的主流群體。

《十萬個冷笑話》的成功絕不是偶然，它的熱度是慢慢累積起來的，它的成長經過了非常完善的各個階段的承接，最早是漫畫，然後又做成了動畫、遊戲。

這種完善地承接使得它的粉絲擴散得非常穩定，從漫畫粉絲到動畫粉絲到遊戲粉絲，他們形成的是一個巨大的整體。

獨特的文化特性

作為國民動漫，《十萬個冷笑話》有它獨特的文化屬性，它的搞怪是新一代的搞怪，裡面的人物多是傳統文化中的人物形象：李靖、葫蘆娃、蛇妖、黃飛鴻、太乙真人、哪吒等，但是他們的行為、性格，絕對是超級現代化、超級前衛的。

比如太乙真人，這種傳統的仙人形象被解構成「太 2 真人」，2 和乙雖然外形上差別細微，但是含義和效果卻有天壤之別，這是一種很純、很自然的幽默感。

它的前衛，它的傳統，還有它的幽默感，最終融合為現在這個 IP，所以能獲得眾多觀眾的追隨和情感的認同。

要圍繞這樣一個 IP 做產品，最重要的是製作者要能夠認同這些文化的點，並理解粉絲的需求，這樣你所要表達的東西才能在情感上拉近與粉絲的距離，才有可能獲得粉絲的共鳴。所以，這可能是 IP 帶動粉絲的一個很重要的因素。

用藍港總裁廖明香的話說：「我們常常說動漫上半身是技術，下半身是藝術，左手撼動用戶體驗，右手撼動文化。我們自己驗證了自己對動漫很多非常深的理解。藝術一定要美，技術一定要穩定，技術一定要炫，因為用戶體驗太關鍵了，右手是文化，假如沒有文化做支撐，很難做到大用戶量。」

2.2 打破壁壘：讓我們集體狂歡

摘要：

在如今的娛樂市場中，單打獨鬥早已成為過去時，跨界融合電影、手遊、網文、遊戲和周邊產品才是主流。

Facebook 創始人佐克伯說：「就像你在口袋裡裝了一臺電視攝影機一樣，任何一個擁有手機的人都有向全世界做直播的能力。」

打破壁壘：單打獨鬥已成為過去，跨界融合才是主流

娛樂行業的一個趨勢是，單打獨鬥早已成為過去，跨界融合電影、手遊、網文、遊戲和周邊產品才是主流。一個橫跨電影、視頻、手遊、遊戲直播和周邊產品的聯合體正在出現。

2016 年 2 月 29 日，華誼兄弟宣布已經完成對英雄互娛增發股份的認購。

英雄互娛一共向華誼兄弟定向發行 27721886 股，每股的價格是 68.5 元，一共籌集 19 億資金，華誼兄弟占英雄互娛 20% 的股份，至此華誼兄弟成為英雄互娛的第二大股東。這次融資也是遊戲領域規模最大的一次非公開融資。

一個在影視行業非常有名的電影製作公司，大手筆投資手遊行業，初看上去似乎有點不務正業，但是實際情況並非如此。

電影公司如果不與網路娛樂相結合，那麼這家公司是沒有發展前景的。現在華誼兄弟從網路遊戲獲得的收入已經遠超電影，電影收入只有網路遊戲收人的一半，單從這方面來看，華誼兄弟更像是一家遊戲公司。

有趣的是，有一家一直對遊戲行業頗有興趣的公司在華誼兄弟之前就看上了英雄互娛，這家公司就是王思聰手裡的普思資本。在 2015 年時，普思資本就以 82 元每股的價格入股英雄互娛，總投資近億元。

和華誼兄弟的價格相比，似乎王思聰虧了。

但是從王思聰的普思資本先後投的五家企業都 IPO，就可以看出王思聰的商業頭腦。

雖然普思資本在 2015 年入股英雄互娛時的價格比後來的華誼兄弟高，但是其投人的金額較少，因此承擔的風險也較小。而華誼兄弟一次拿到 27721886 股，成為英雄互娛的第二大股東，自然能夠拿到較低的價格。雖然華誼兄弟的投資金額是普思資本的 19 倍，但是其承擔的風險卻遠不止普思資本承擔風險的 19 倍。因為占用的資金越多，公司所面臨的流動性風險就越大。

如果普思資本對英雄互娛的投資失敗，損失的僅僅是一小部分錢，而華誼兄弟如果投資失敗，可能就將自己多年積累的家當賠進去了。

不過，最可能出現的情況是，手遊這塊大蛋糕，參與者都能吃到，皆大歡喜，只是多賺一點還是少賺一點的差別。

乘風破浪：搭上直播式行銷的大船

「就像你在口袋裡裝了一臺電視攝影機一樣，任何一個擁有手機的人都有向全世界做直播的能力。」

這是 Facebook 創始人佐伯克在自己主頁發表的看法，他還表示，人類的交流方式將會因為視頻直播的出現而發生巨大的變化。

佐伯克在接受媒體採訪時曾說：「直播是目前最讓我感到激動的事，我已經被直播迷住了。」

互聯網三大廠 BAT一直都被看作行業的風向標，而最近兩年，三大廠不約而同都開始在視頻直播行業佈局。

百度借助於貼吧的影響力，推出了百秀直播，非常低調地進入了直播行業。

2015 年同騰訊關係密切的龍珠直播平臺上線，之後騰訊又投資了 Bilibili 彈幕分享網站、鬥魚 TV 等多家視頻直播網站。

在百度和騰訊都進人視頻直播行業時，阿里巴巴也沒閒著，直接全資收購優酷馬鈴薯，間接入股彈幕視頻網站 AcFun。

「直播式」行銷時代已經到了，你做好準備了嗎？

種種現象說明：「直播式」行銷的時代已經到來。

我們在討論這個話題之前，先來看下面幾件事情。

杜蕾斯直播事件

2016 年 4 月 26 日，杜蕾斯在 B 站、樂視、鬥魚等多家在線直播平臺進行了百人試套活動的直播，其中鬥魚觀看人數達到 200 萬，優酷則達到 100 萬，猜想全網同時在線人數超 500 萬。但這次直播卻引發了大量爭議。

網友對該直播活動評論稱：「一個小時搬床，半個小時採訪，半個小時體操，半個小時吃水果，另外半個小時沉默，最後放了一個 ×。」

杜蕾斯的這次活動遭到眾多網友吐槽，媒體也多從引發爭議的角度報導了這次事件，官方也表示今後要加強監管。

邏輯思維直播事件

不僅傳統企業可以採取直播式行銷，新媒體也可以，邏輯思維就進行了一場飽受關注的直播。

2016 年 4 月 23 日是世界讀書日。在這一天，優酷自頻道上一場別開生面的讀書會正在進行，這就是邏輯思維舉辦的「史上第二大讀書會」，這場直播活動吸引了眾多喜歡讀書的網友的關注。在這場長達 6 個多小時的直播中，有十多位來自多個領域的知名人士給網友們推薦自己所喜愛的書。真格基金的徐小平、錘子科技的羅永浩、財經作家吳曉波等都在其中。

所有人都知道這種活動帶有商業推廣性質，邏輯思維對此表現得非常大方，一點都不掩飾其商業化。根據活動之後統計的數據顯示，在直播期間，邏輯思維天貓店鋪無論從訪客數還是銷量都有大幅提升，其中 90% 的用戶是觀看直播的網友。

小米直播：視頻直播成為重要行銷手段

就在邏輯思維直播讀書會的那一天，在「2016 中國綠公司年會」上，小米科技的 CEO 雷軍用自己的小米手機也進行了直播。當然，雷軍這麼做是有他的用意的，因為不久前，小米剛推出了視頻直播軟體「小米直播」。雷軍認為，視頻化將成為今後社交的一種重要方式。

從這三件事情中可以看出，一種全新的行銷方式已經出現，那就是「直播式」行銷！

對於直播相信大眾不會感覺陌生。在互聯網還沒有普及、電視媒體霸占主流地位的時代，一般只有重大事件才會有直播，那時的直播並沒有成為一個行業，同時也是被主流媒體所主導和壟斷的。

被主流媒體所把控的直播形式缺少社會化互動，所以很長一段時間只能以一種特殊節目形式存在。而隨著互聯網和移動互聯網的出現，「社會化直播」誕生了。

有人將社會化直播分成三個階段（如圖 2-4 所示）。

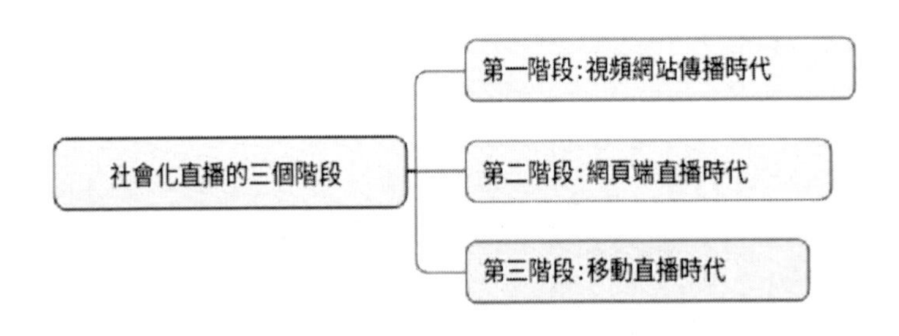

圖 2-4 社會化直播的三個階段

第一階段：將個人視頻透過優酷、馬鈴薯之類的視頻網站進行傳播的時代。

第二階段：YY 直播、六間房等使用網頁端進行直播的直播 2.0 時代。第三階段：就是如今的移動直播時代。現在直播已經發展到了隨走隨播的階段。

視頻之所以在最近兩年被大廠公司重視，其根本原因是視頻直播是一個新興產業，發展勢頭迅猛，並形成了一股強大的「勢能」。還有非常重要的一個原因則是，視頻直播已經成為大眾娛樂的重要組成部分，其用戶規模已經相當大。

只有特別重要或者備受關注的事情才能獲得直播資格的時代已經過去，如今只要你願意，打遊戲、吃飯、唱歌、睡覺等事情都可以透過平臺進行直播。

從商業角度考慮，使用直播手段進行的行銷具有方便快捷、成本低廉的特點。那麼如何正確地使用「直播」的方式進行行銷呢？（如圖 2-5 所示）

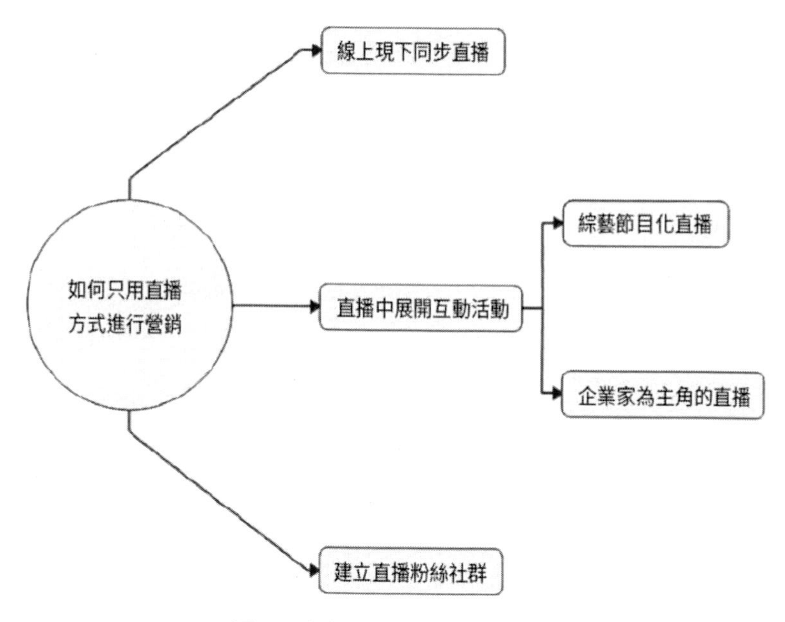

圖 2-5 如何使用直播方式進行行銷

①線上線下同步直播

傳統企業做線下推廣行銷，成本高，覆蓋的人群有限。而透過線上直播的方式進行行銷，覆蓋的人群可能是線下的成百甚至上千倍。

幾百人同時關注你的行銷活動，幾十萬人在活動期間消費，這種情況在原來是不可想像的，而直播式行銷讓它得以實現。

比如，很多品牌推出新品時都會開新品上市發佈會，如果發佈會受眾僅限於現場觀眾，因受到場地限制，人數不可能太多。但是如果對發佈會進行線上同步直播，觀看人數將會大大增加。

除了新品發佈會這種重要活動，一些小型的品牌活動，也可以同線上直播方式相結合。直播的平臺既可以選擇自己的官網，也可以和第三方直播平臺進行合作；商家還可以利用直播的方式，將在多地同時舉行的線下活動聯合起來進行互動，這樣收到的效果會被放大數倍。

②直播中開展互動活動

策劃線上直播活動同策劃節目有相似之處，兩者相比，前者更加注重活動內容的價值。

一種直播方式是綜藝節目化直播。2015 年的「天貓雙十一晚會」相信大家都還記得，這場由天貓和湖南衛視共同打造的大型直播活動讓不少人驚嘆道：原來消費 + 娛樂還可以這麼玩！活動期間，消費者可以選擇透過電視、電腦、手機觀看並參與活動，可以一邊看活動，一邊買東西，同時還可以玩遊戲。

還有一種直播方式由知名企業家擔當主角。比如，2016 年 4 月 11 日至 4 月 20 日，新東方董事長俞敏洪親自上陣，與優酷合作直播了一次長達 10 天的「洪哥夢遊記」活動。

在直播中，俞敏洪帶著網友去多個城市感受不同的民風民俗、美食奇景，並且和這些城市中的青年學子對話，關注當地一些熱點問題，比如鄉村教育、留守兒童等。

這種直播方式無疑是具有正能量的，而俞敏洪也算是企業家中的明星，如果換個不知名的企業家效果可能就沒有那麼好了。

這種「明星企業家 + 正能量」的方式，非常適合現代企業做直播式行銷。

這次活動無疑是非常成功的。10 天的直播過程中，在線總人數為 723 萬，社交平臺傳播閱讀量近兩億次，互動評論數量突破 1000 萬，每期過百萬條的評論量已經超過了同時非常火爆的網劇《太子妃升職記》。

③建立直播粉絲社群：讓直播建立其用戶黏性

品牌可以針對粉絲創造內容，採取更具深度參與感的方式，為粉絲提供一個展示的平臺，讓直播平臺同時成為一個社交平臺，增加粉絲對品牌的黏性。

在各種社交平臺上的品牌粉絲社群已經不是新鮮事物，很多大品牌都有自己的粉絲社群，其中還有很多是粉絲自發建立的。而打造直播社群平臺將是這些品牌的下一步行動。

企業與直播網站合作，建立一個屬於自己的直播管道也是非常好的行銷方法。

網路視頻直播是現代媒體的一種高端形態，它是在技術發展、市場推動及用戶需求共同作用下產生的。直播現在已經成為娛樂和消費的一種方式，也是移動互聯網時代的一種生活方式。

第 3 章核心：IP ！ IP ！ IP ！

3.1 席捲：內容為王的時代到來

摘要：

當人們的基本物質需求得到滿足之後，就會轉而追求精神需求，比如個人興趣、個性化發展等，而虛擬的世界和內容可以在很大程度上滿足人們的這些追求。

2013 年手遊市場火爆，2014 年泛娛樂吸引了眾多眼球，2015 年 IP 又成為關注點，而 2016 年及之後的市場走向會如何呢？

聰明的投資人除了要考察 IP 的價值和前景，對運營團隊也要有整體的考量。

內容變現：未來的核心消費品舍「內容」其誰

《十萬個冷笑話》和《萬萬沒想到》等熱門 IP 在 2015 年透過大銀幕走進了觀眾的視野；《大聖歸來》取得的成績讓國產動畫電影重新找回了信心，嗶哩嗶哩視頻網也逐步向泛娛樂進軍；二次元等副文化開始受到眾多研究和投資機構的關注，內容正當風口時。

如今，隨著時間的變化，95 後乃至 00 後已經登上時代的舞臺，這一代人成長在一個社會和經濟飛速發展的時代，優越的成長環境讓他們更加有自主意識和強烈的表達慾望，互聯網的普及為他們提供了諸多表達方式。更多互聯網公司選擇了 UGC+PGC 的模式，低成本 IP 的獲取不再是不可能。

從最初的粗製濫造到如今已經形成生態產業鏈，IP 外延越來越豐富，並且更加多樣化。與此同時用戶的追求也在不斷地提高，技術的進步讓用戶有了更多的沉浸式體驗，行業也因此有了更多可能性。最後，內容產業鏈因為產業的發展而不斷變化，內容創業的方向因此也一直受到影響。

內容：「互聯網 +」背景下的新的核心消費品

我們所處的世界，正在從以現實世界消費為主體，向以虛擬世界消費為主體進行轉變。「互聯網 +」是近兩年最熱門的詞語之一，「互聯網 +」適用於所有行業，任何行業都可以透過與「互聯網 +」結合而轉型。

「互聯網 +」，是一場新型的工業革命，它使整個產業鏈，都向著去中心化的方向邁進，向著數位化進軍。

從個人方面來說：以搭計程車為例，我們想搭計程車不必在路上攔車，也不需要打電話給計程車行，只需要使用手機 APP 就可以聯繫到車輛。在你使用手機 APP 的同時，它也會記錄你的相關訊息，透過這些訊息瞭解你的年齡層次、消費習慣等，然後根據你的個人情況進行精準行銷。

從企業方面來說：一個處於傳統模式的企業，對於客戶的訊息瞭解非常少，不知道客戶的具體情況。而透過互聯網進行數據挖掘，就可以得到客戶的訊息。互聯網同時還能有效提高企業客戶管理的效率，以客戶訊息為基礎，有針對性地對產品定位、產品價格及行銷方式作出調整。傳統行業因此而被顛覆，價值鏈也進行了重構。這是一次全新的工業革命。

「互聯網 +」帶來的工業革命，讓人們的工作效率、生產效率大幅提高，產品鏈得到高效整合。很多曾經由人完成的工作現在都由電腦和機器人來完成，人們因此而節約出來的時間就會被用於消費和娛樂，滿足自己的精神需求。

當人們的基本物質需求得到了滿足之後，就會在精神上有所追求，因而開始追求個人興趣、個性化發展等，而虛擬的世界和內容可以在很大程度上滿足人們的這些追求。

IP 風口正當時

經濟的高速發展讓居民的收入不斷增長，隨之而來的就是消費結構的升級。如今文化娛樂類消費占人們總支出的比例正在逐漸上升，文化娛樂已經成為大眾的精神食糧，2014 年中國移動互聯網用戶 7.3 億，有數據表明文化娛樂在其中的滲透率達到 88%，網路視頻用戶就占到 4.39 億。用戶的碎片化時間主要的消費內容就是移動娛樂。

IP 作為「口紅經濟」非常重要的一部分，在中國經濟下行壓力巨大的環境下異軍突起。一方面，文化娛樂領域的退出通道逐步增加，高估值退出的例子已經不再稀奇；另一方面，新項目不斷出現，並根據產業鏈的變化不斷進行調整。從以太優選上線項目可以看出，在宏觀經濟不景氣時，文化娛樂項目稍經調整就迅速反彈，增長態勢明顯，其中，VR 相關項目增長顯著，二次元創業正在逐步走向圈子化（如圖 3-1 所示）。

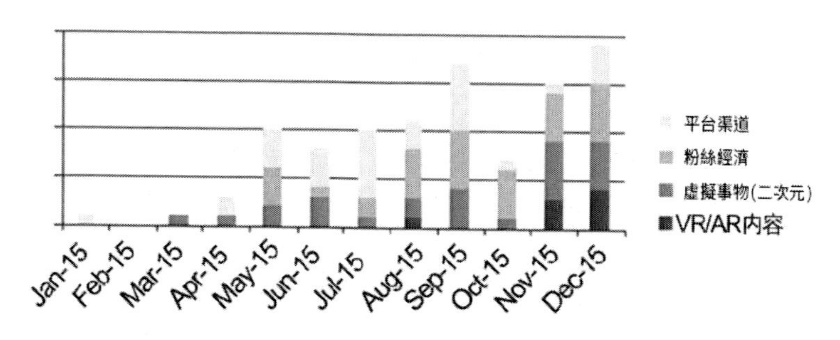

圖 3-1 2015 年以太內容類項目上線情況注

泛娛樂火爆，眾多資本進入其中，尤其是遊戲領域，這兩年非常強勢。透過遊戲行業的經營模式，能夠讓大家對泛娛樂概念有所瞭解。

遊戲行業的投資與現在所說的泛娛樂投資有點類似，不僅表現在投資人的思維上，行業鏈條也相似：從內容 IP 到遊戲 CP，再到發行、推廣。不過現在遊戲 CP 沒多少人關注了，因為其潛在價值較小，現在我們重點來看 IP 在泛娛樂中的價值。

好 IP= 好地皮

我們可以把傳統的房地產業比作泛娛樂，這樣更容易理解（如圖 3-2 所示）。房地產行業的地皮就是泛娛樂的 IP，假如你有一塊很好的地皮，即使建出來的房子再糟糕，房價也不會低。如果你不滿意僅靠地皮取得的價格，想要更高的價格，就需要經過一系列的精製打磨。比如，找一個好的開發商、聘請非常優秀的設計師、透過多種方式來宣傳造勢等。

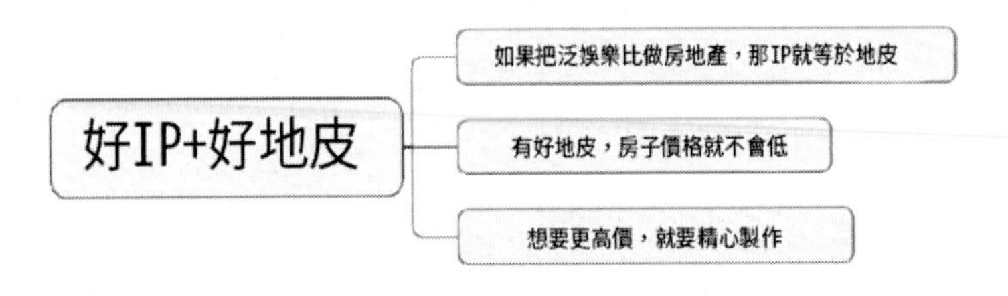

圖 3-2 好 IP= 好地皮

金錢逆流：從現實商品湧入虛擬商品

我們所在的世界正在發生一場全新的經濟變革：金錢正在從現實商品，湧入虛擬商品。VR 的火爆，證明了「虛擬」一詞對人們的吸引力，這是一場盛大的消費轉型。

不論是消費模式因為社會經濟發展而發生改變，還是娛樂消費因為經濟環境而得到促進，經濟因素都造成了非常重要的作用。95 後、00 後不再為物質需求所困擾，強烈的表達慾望隨著互聯網的普及和發展獲得了宣泄的通路。

內容和產業鏈需要依靠 IP 作為基點，一個完整的產業鏈離不開好的 IP，利用好 IP，就能夠使產業鏈的商業價值最大化。而在 IP 產生價值的過程中，需要使用泛娛樂的運作模式，他們是互相依存的。泛娛樂化的好處是，能夠在這個過程中發展粉絲經濟，粉絲經濟會讓 IP 有更高的價值。此外，IP 的創作可以採用多種方式，每種方式都有可能產生新的 IP 價值。

IP 投資向多樣化、亞文化演變

內容會隨著需求、傳播途徑及受眾人群的改變而發生變化，這些正是投資人非常關注的。2013 年是手遊市場火爆，2014 年是泛娛樂吸引了眾多眼球，2015 年 IP 又成為關注點，而 2016 年及之後的走向會如何呢？我認為熱點會是亞文化和網路生活內容。

手遊的興起是在 2012 年，當時很多人看到了手遊的前景，於是紛紛湧進這個行業。沒過多長時間，從事手遊的人發現，不僅能夠透過手遊賺錢，動漫、同人和視頻直播同樣也能賺錢。於是資本開始從手遊向外擴展，出現了泛娛樂化。與此同時，IP 所具有的價值也得到了驗證，IP 領域因此也吸入了大量資金。在資金進入之後，IP 開始走向多樣化，擴展到除文學和動漫之外的其他網路生活方面（如圖 3-3 所示），《邏輯思維》就是一個典型的例子。

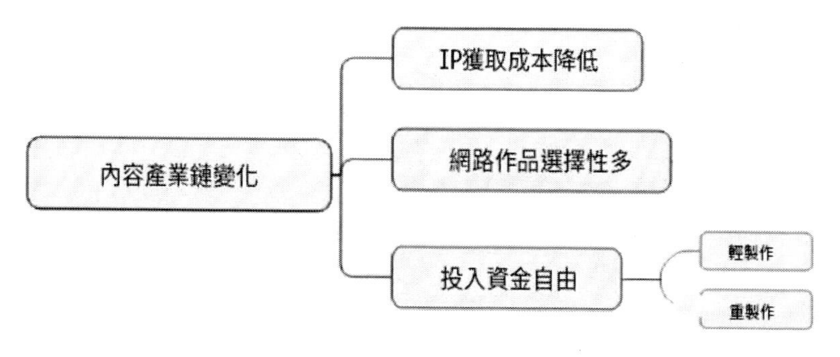

圖 3-3 內容產業鏈的變化

如今，內容產業鏈也在不斷髮生變化：

第一，網路文學讓 IP 獲取成本進一步降低；

第二，網路平臺較多，同時可供選擇的網路作品也非常多。

最重要的是，投資者可以自主選擇投入額度：IP 運營製作的優勢就在於它是可大可小、可輕可重的。

輕製作的代表：平臺經營，整合專業資源。比如，視頻網站可以透過平臺經營的方式，選定 IP 後整合導演、演員等資源，這種投人較少。前年火爆網路的《盜墓筆記》網劇，就是名 IP、輕製作的典範。

同時也有很多團隊選擇重金投入製作，尤其是一些超級 IP，從這個角度講，IP 改編成電影的，都可以劃人重製作的範疇。

IP 的多業態開發，也促使整個產業的週期縮短，一本原創劇本製作成電影、網劇往往需要一年以上的籌備時間，而由小說改編的 IP 衍生品，其週期短到可能只需要幾個月。

內容投資中最容易被忽視的問題

現代人在娛樂上投人的金錢和時間越來越多，這讓眾多創業公司看到了其中的前景。

內容雖然是如今最火的消費品，但是內容投資本身卻不是一進場就能賺錢，從而獲得超級紅利。風起雲湧之下，暗藏著漩渦和殺機，目前內容投資還存在很多問題有待解決。

在內容投資過程中，會出現的問題有很多（如圖 3-4 所示）。

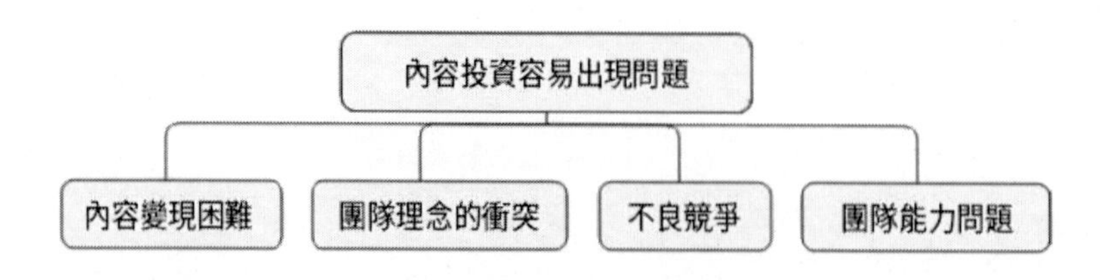

圖 3-4 內容投資容易出現的問題

內容變現困難

有了好的 IP 還不夠，如何獲得通路？商業化的東西應該如何植人到產品當中？這就需要商業化、產品化的思維。這對於投資人來說非常重要。

製作過程中團隊理念的衝突

很多團隊都被這個問題所困擾。內容離不開創作，然而從事創作的人很多都有自己的個性。當一個團隊打造一個產品時，如果成員的理念相互衝突，那麼就很容易失敗。

不良競爭

現在 IP 的價格虛高已經成為一個不爭的事實，但是筆者並不覺得這是一個問題。泡沫對一個行業來說不一定是壞事，因為有了預期才會出現泡沫。

但是，如果大家都熱衷於高人氣的產品，一窩蜂地去爭搶，就會在無形中形成不良競爭。另外，每年的高人氣產品也就幾十個，而同類產品卻有成千上萬個，過分地熱衷於此對於產業的生態非常不利。

團隊的能力問題

泛娛樂行業正在從青澀走向成熟，投資人也越來越重視運營 IP，這時運營團隊的能力和價值就顯得非常重要。一個團隊運營 IP 的能力是影響投資人做出選擇的重要因素。運營團隊如果能夠向投資人證明自己運營 IP 的能力，從最初的 IP 打造到最後變現都能夠很好地做下來，就更容易獲得投資人的信任。

反過來講，聰明的投資人除了要考察 IP 的價值和前景，對運營團隊也要有整體慎重的考量：如果運營團隊能力不佳，或者團隊基因與 IP 價值不符，最後變成明珠暗投，也是非常有可能發生的。

3.2 形態：以內容為核心，多種文化形態

摘要：

文學、漫畫、電視劇、電影、遊戲等處於完全割裂或者偶爾有所融合的時代已經過去，各產業正在快速地聯合在一起，而將不同產業聯合在一起的核心就是 IP。

網文改編成遊戲是最火爆的模式，也是發展的趨勢之一，不過遊戲和網文始終是兩個不同的領域，要跨界融合，有優勢，也有問題。

同一明星 IP，多種文化形態優質 IP 在娛樂市場的重要性

我們所說的泛娛樂主要涉及的領域是文學、漫畫、電視劇、電影、遊戲等，從泛娛樂產業鏈的發展來看，一些處於完全割裂或者偶爾有所融合的產業正在快速地聯合在一起，而將不同產業聯合在一起的核心就是 IP。

IP 主要來源於網文或者動漫，增加 IP 影響力及擴大粉絲群體則是透過 IP 視頻化來實現的。這裡的視頻化指的是動畫化或是網劇化，而 IP 想要變現一般是透過遊戲或者電影的方式進行。一個 IP 的價值高低可以透過其改編的手遊、電影票房的收入及改編的網劇的受關注度來體現。

IP+ 手遊：已進入紅海市場，小型創業公司幾乎沒有機會

我們從 App Store 遊戲類別的排行榜中可以發現：位於排行榜前列的遊戲公司都具有一定的規模，比如老牌傳統手遊公司騰訊遊戲、網易遊戲等，比如最近幾年悄然崛起的新一代遊戲公司樂元素、藍港互動等，而小公司的身影則很少看到。同小公司相比，具有一定規模的大公司無論在產品研發、市場推廣還是商業運營等方面都有非常大的優勢，這些優勢讓公司盈利能力有了很好的保障，小公司很難與其抗衡。同時，一些小型創業公司只開展了開發業務，而且開發內容也非常單薄，沒有議價的能力，經營狀況不容樂觀。

我們繼續看 App Store 遊戲類別的排行榜（如圖 3-5 所示），在排行榜前 20 名的遊戲中，有 40% 是基於知名 IP 開發出來的，IP 所具有的價值在遊戲行業中得到充分體現。部分有實力的遊戲公司已經開始向產業上游發展，發展的重點是尋找適合手遊行業的優質 IP。比如藍港互動推出的《十萬個冷笑話》和《甄嬛傳》的手遊，而崑崙萬維則選擇投資中國有名的 IP 增值服務平臺和力辰光，進行向產業鏈上游延伸的佈局。

IP+ 電影：優質 IP 是影響電影票房的重要因素

梳理一下近兩年各國的電影票房排行榜，從中可以發現：在高票房的電影中，有一半以上是基於已有 IP 改編的，這些 IP 主要是漫畫或者小說。

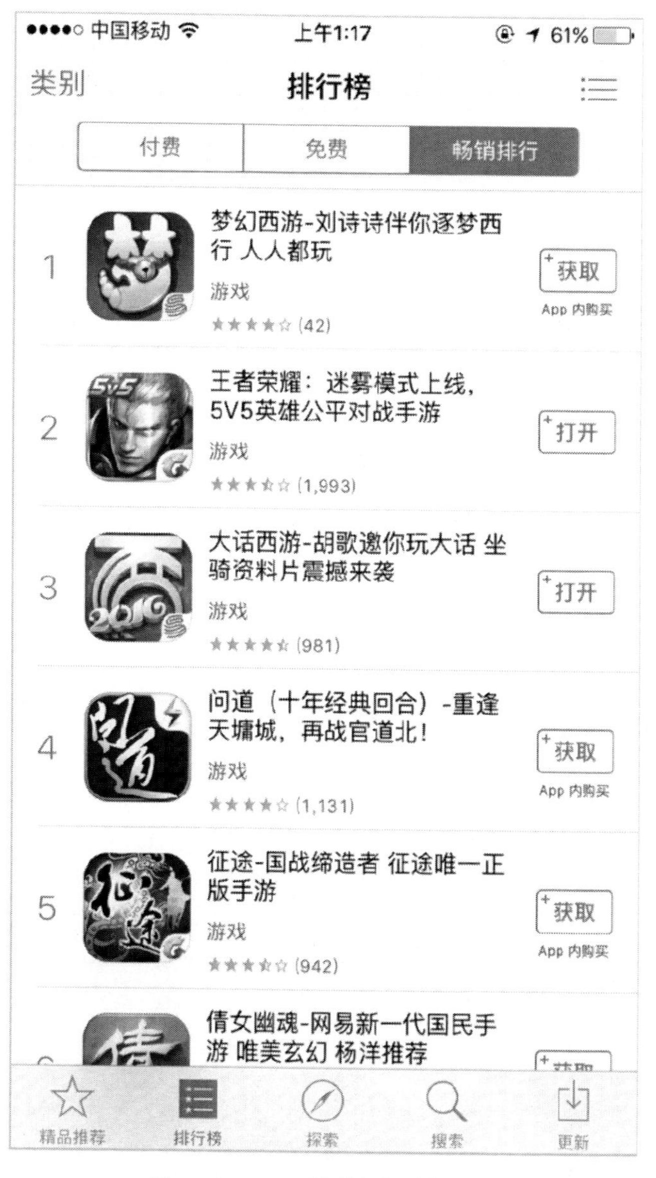

圖 3-5App Store 遊戲類暢銷排行榜

與原創電影相比，基於優質 IP 所製作出來的電影，無論影響力還是大眾關注度都明顯具有優勢。由此可見，一個優質的 IP 對於電影票房造成了非常重要的作用。

而在 2015 年中國電影市場票房排行榜前 10 名中，國產電影占了 7 個名額，這表明中國電影迎來了屬於自己的黃金時代。在這種背景下，我們結合上面所說的 IP 對於電影的重要性，不難看出：未來只有能夠發掘和運營優質 IP 的影視公司才有更好的發展機會。

IP+ 網劇：熱門網劇超 50% 改編自名 IP

網路劇同樣和 IP 有著非常密切的聯繫。根據優酷和愛奇藝平臺提供的數據，最受歡迎的網劇排行榜前 20 名中，近一半的網劇改編自知名 IP。IP 來源既有小說，也有遊戲、電視劇及其他形式。

與傳統電視劇相比，網劇 IP 更具拓展性。在互聯網時代，傳統電視劇的受眾有限，影響力較小。而網路劇的受眾人群是年輕人，所以其內容更具有娛樂性，容易傳播，這讓其具備了很好的拓展能力，在改編進入遊戲、電影產業之後，其價值能進一步提升。因此在網路劇產業中，優質 IP 的挖掘及向其他領域的延伸值得重點關注。

網文與遊戲跨界融合：先天優勢起點高

近兩年，遊戲業界最火爆的一個詞就是 IP。其實早在大量網文被改編成影視前，IP 這個詞就已經出現了。

但直到越來越多的網文被改編成遊戲，大家才開始注意和追捧 IP。現在，隨著遊戲行業的發展，越來越多的遊戲公司爭相購買 IP，紛紛佈局泛娛樂。

這股熱潮，從 2007 年《誅仙》開始，到《大主宰》《花千骨》已非常火爆，到 2015 年的《璃琊榜》達到了巔峰。

雖然網文改編成遊戲是最火爆的模式，也是發展的趨勢，不過遊戲和網文始終是兩個不同的領域，要跨界融合，有優勢，也有問題。

網文和遊戲的區別：網文週期長，遊戲週期短。

網文往往要連載兩三年，它是一個長週期的創作行為；而遊戲（包括手遊）卻不然，傳統的遊戲都是短週期產品。

為什麼週期差別這麼大，還能融合出最佳效果呢？

因為網文和遊戲，其實有著相同的基礎。

故事性和趣味性是核心價值

網文是想像力的產物，一定要有故事性。

遊戲的基礎是趣味性和合理性，一款遊戲有它自己的運行規則和世界觀，和網文的相同之處是，都會使用戶心中產生一種滿足感。

另外，網文和遊戲的核心元素也是一致的：都是流行元素的體現，吸引的大都是年輕人。同時，網文和遊戲一樣，擁有主角的能力增長體系和一套適配的升級路線。

先免費再付費的商業模式

網文和遊戲的商業模式其實非常相似，都是經過一段時間的發展才形成了趨向成熟的商業模式。

網文的商業模式確立在 2003 年，起點中文網在這一年推出了網文 VIP 收費制度，這個制度奠定了之後十多年網文的主流商業模式。

而遊戲也是如此，最初是計時收費（《魔獸世界》現在還在沿用這種模式），現在絕大多數都開始了道具收費，摒棄了點卡後，開始道具收費，其制度和思路與網文的 VIP 制度相似：都是用免費來吸引用戶，培養其好奇心和忠誠度，到一定程度再收費。

這種免費模式衍生出來的收費模式，能夠很好地降低用戶的牴觸感，也被大多數人所接受。

同樣的受眾

調查數據顯示，網文和遊戲用戶重合度非常高：喜歡玩遊戲的人大多也喜歡閱讀網文，有閱讀網文習慣的用戶，也更願意成為遊戲的付費用戶。

以上因素，共同形成了網文改編成遊戲的基礎，另外，網文改編成遊戲還有其不可替代的優勢。

閱文集團的朱靖在《網路文學與遊戲跨界融合的優勢與失誤》中談到過網文 IP 改編成遊戲相對於普通原創遊戲的優勢（如圖 3-6 所示）。

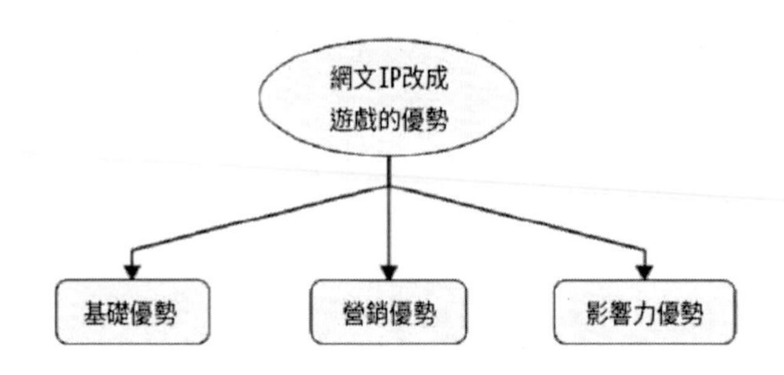

圖 3-6 網文 IP 改編成遊戲的優勢

基礎優勢：網文的世界觀建立了遊戲產品的基礎

借用網文的世界觀和主角的升級路線可以更好地建立遊戲產品的基礎，節省遊戲的製作成本和製作時間。每一個行業在成長過程中都會遇到瓶頸，遊戲行業也是如此。中國遊戲行業遇到的最大的問題就是創新性不足，無法維持它的熱度。而精品的 IP 是內容的王者，濃縮選取其中的精彩劇情，可以提升遊戲的人機交互性。挖掘並提取其中的增長體系，可以增強遊戲玩家的互動性。比如 2016 年推出的《莽荒紀》，《莽荒紀》的世界觀我們可以瞭解一下，它初始是一個神界，盤古開天闢地之後變成三界，即仙、妖、人，神魔入侵失敗、蟄伏，三界展開。這款遊戲從玩家的視角，融合了小說中提到的各種武器、武功，複製了小說的武者系統，根據小說的設定製作了掠奪和競技系統。

行銷優勢：網文的 IP 效應節省了遊戲的行銷和推廣成本

網文的 IP 效應節省了遊戲的行銷和推廣成本。遊戲行業獲取新用戶的能力越來越弱，成本也越來越高。一款新遊戲如何在短期內提高其知名度，打開市場呢？一款遊戲，其行銷費用往往上千萬元，而網文本身就具有品牌效應和強大的次傳播能力，不需要高額行銷費就可以將網路 IP 衍生品的潛在用戶轉化為遊戲用戶，促使其成為遊戲初期的主力軍。

以《莽荒紀》為例，《莽荒紀》2012 年開始連載，歷時兩年半連栽結束。最高的時候，百度指數達到 180 萬，在兩年半的時間裡，平均的百度指數也有 86 萬，在起點中文網的點擊有 600 萬次，而起點中文網的點擊量只是全網閱讀數據的一部分。百度搜索《莽荒紀》有 400 萬條鏈接，絕大部分是盜版。如果說加上盜版平臺的閱讀量，它影響的受眾絕對是一個非常龐大的數據。

在網文有這麼多粉絲的基礎上，遊戲是怎麼運作的呢？在 2013 年小說還在連載的時候，遊戲公司推出了同名的手遊，此時其熱度和受眾是非常活躍的；在小說完本當月又推出了同名的網遊，次月推出了手遊的第二個版本。完本之後熱度會稍微下降一些，遊戲公司認識到了這一點，於是主要透過三種方式吸引粉絲：粉絲之間「病毒式」傳播、作者宣傳拉粉、線下粉絲群集中行銷。

影響力優勢：網文 IP 所衍生的全產業鏈擴大了 IP 的影響力

每一種 IP 都有潛在的用戶和泛用戶。潛在用戶比較固定而且忠誠度高，但是數量遠遠沒有泛用戶龐大。能否抓住這些泛用戶，關係到能否最大限度地挖掘用戶價值。如何抓住泛用戶呢？ IP 衍生全產業鏈就是答案。

同樣以《莽荒紀》為例。《莽荒紀》目前推出了頁游、手遊和漫畫，已經有一批受眾了。但它借鑑《花千骨》的影遊聯動模式，又推出了電視劇項目，以此吸引電視劇用戶，以延續《莽荒紀》的人氣度，為其開發其他產品積攢人氣。還有 2016 年非常火爆的《花千骨》，其在 2014 年開拍的時候就透過一些話題吸引了大量粉絲。在電視劇上映之後，百度關注度不斷上升，遊戲上線後，百度指數最高達到 380 萬。它的遊戲單月流水最高達到兩億元，取得這樣的成績也是其吸引了泛用戶的結果。

3.3 領悟：泛娛樂的核心是 IP，IP 的核心是……

摘要：

IP 的核心是情感的驅動，優質 IP 的故事要有能打動人的情感內核，在 IP 的產生和孵化過程中，網友、粉絲也能夠對其產生極大的情感。

如果在挑選 IP 階段就不加以選擇，那麼之後迎來的決不是 IP 的繁榮，反而可能是 IP 的泡沫。

IP 的核心：故事情節驅動的情感

豆瓣這些年出了不少 IP，有許多熱門直播帖被購買了影視版權，比如，《我的朋友陳白露小姐》被改編成了網路劇、《一男三女合租記》被改成了電視劇、火爆的《與我十年長跑的女朋友就要嫁人了》被金牌監製陳國富選中，買走了電影版權。

2009 年，豆瓣有個火爆全網的直播帖子：網友大麗花在豆瓣寫下了和男朋友吵架分手及分手後的全過程，這就是她的失戀日記《小說或是指南》（如圖 3-7 所示）。

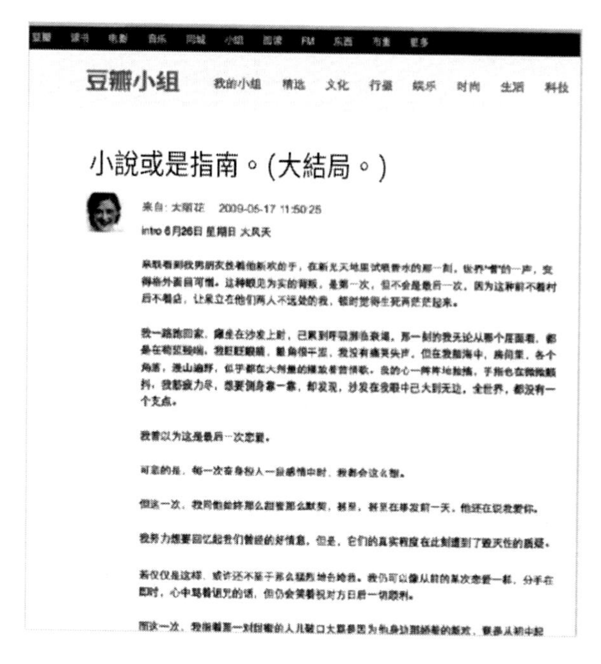

豆瓣小組　我的小组　精选　文化　行摄　娱乐　时尚　生活　科技

小說或是指南。(大結局。)

来自: 大丽花　2009-05-17 11:50:25

intro 6月26日 星期日 大风天

圖 3-7 日記《小說或是指南》

這種真實的情感經歷，打動了很多人，這種直播方式，也讓人有代人感。這個帖子越來越火，圍觀黨也越來越多，非常多的豆友在追著看，它甚至成為豆瓣當年的代表性事件之一。

後來，這個 IP 改編成了電影，就是大家耳熟能詳的《失戀 33 天》，導演是擅長愛情題材的滕華濤，最終創造了票房奇蹟。

2011 年，這部根據豆瓣小組直播帖《小說或是指南》改編的電影《失戀 33 天》（如圖 3-8 所示）終於上映了，上映日期選擇在頗具象徵意義的 11 月 11 日，雙 11 最早的含義可不是購物節，而是光棍節。

圖 3-8 電影《失戀 33 天》海報

一部關於失戀的電影，在光棍節這天上映，而且是熱門 IP 改編的。電影上映當天，很多追過豆瓣帖子的人去看電影了，豆友們無須號召，自發響應支持。

《失戀 33 天》雖然是低成本製作，但是卻創造了票房奇蹟：總票房達 3.2 億元。《失戀 33 天》使電影人第一次有了光棍節檔期的概念。

2012 年，作者鮑鯨鯨（大麗花）憑藉《失戀 33 天》拿下了金馬獎的最佳改編劇本獎，同時也是金馬獎有史以來最年輕的最佳編劇。

有很多豆瓣網友，一邊看金馬獎的視頻直播，一邊在網上發帖刷屏，一起見證奇蹟。

這種感情，對於很多網友來說，就好像自己參與栽種的小樹長成了參天大樹，在參與的過程中已經付出了情感。

這就是為什麼說 IP 的核心是情感的驅動，優質 IP 的故事要有能打動人的情感內核，在 IP 的產生和孵化過程，網友、粉絲也能夠對其產生極大的情感的原因。

黃金 IP：能夠給粉絲帶來情感上的寄託

閱文集團副總裁張蓉說：「在我看來，一個 IP 被稱為黃金 IP，有一個共通的因素，這個 IP 能夠給它的粉絲或者用戶帶來強烈的情感上的寄託和關係。一個 IP 之所以能夠成為黃金 IP，因為有很大迴響，情感方面給用戶各種聯繫，讓用戶產生很多互動。好的 IP 不僅限於是一個文學作品，可能是文學，或者是遊戲，或者是動漫，或者是虛擬的，或者實體存在的物品。我給黃金 IP 的定義是一定要有龐大的粉絲群，同時要能夠給粉絲帶來持續不斷的情感上的聯繫。」

比如，火熱的 IP《西遊記》，主角孫悟空可謂 IP 中的超級巨星，為什麼？

第一，孫悟空這個人物，他自身的故事就能使人們產生共鳴。

第二，孫悟空是所有人的童年回憶，電視劇《西遊記》、電影《大話西遊》、動畫片《大鬧天宮》是人們童年生活的一部分。所以關於《西遊記》這個 IP，關於孫悟空這個 IP，只要出作品，不管多差，都能吸引廣泛的關注。

IP 有毒：IP 改編背後暗藏的殺機

能攪起巨大聲浪，就意味著 IP 能賺得盆滿缽滿嗎？

當然不是。

盲目迷信 IP 是不對的：有的投資者盲目追求 IP，毫無選擇地看見 IP 就買下來，甚至囤積 IP 這些都是不明智的做法。

如果在挑選 IP 階段就不加選擇，那麼之後迎來的絕不是 IP 的繁榮，反而可能是 IP 的泡沫。

網文改編 IP 時有一些看起來很美的陷阱（如圖 3-9 所示）。

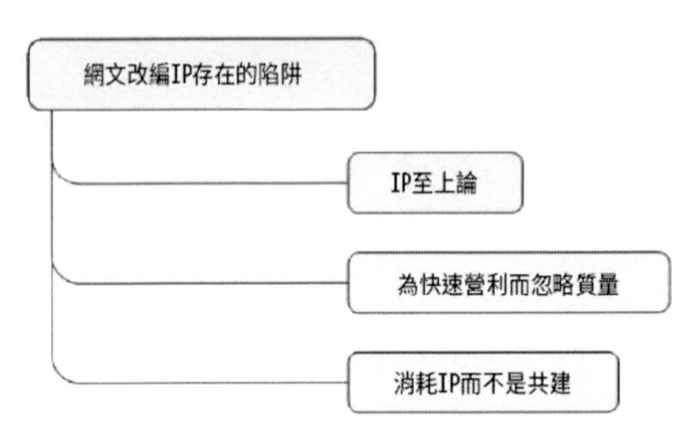

圖 3-9 網文改編 IP 存在的陷阱

陷阱 1：IP 至上論

有人認為有了 IP 就有了廣大用戶，有了 IP，留存率就會高，有了 IP 就等於有了巨大的聚寶盆。這些都是想當然的想法。

有 IP 不等於有用戶，因為 IP 的核心是情感的驅動，所以，只有你的 IP 改編符合受眾的要求，符合他們情感的需求，你的產品才有可能得到他們的認可。

陷阱 2：只想快速盈利，而忽略了產品的質量

想要長治久安，首先要摒棄急功近利的態度，以作品為主，定位泛娛樂，以大格局來定位，以工匠精神認真打磨，才是正確的態度。

在眼下的 IP 改編熱潮下，市場正在變得浮躁，大量資本湧入，並渴望立刻見到回報，這種只想快速盈利的想法等於賭博。

以 IP 改編的遊戲為例，IP 固然能幫助我們吸引用戶，但是用戶來了，他會留下嗎？他會留多久？

這些是由什麼決定的？

最終還是由最基本、最傳統的遊戲內容決定。

遊戲的可玩性如何、數值設置的是否合理、運營活動是否豐富是否引人人勝，這些都決定著遊戲用戶的留存率。

要避免陷人這些陷阱，我們首先要做的就是尊重 IP，認真去做產品，改編 IP 要名副其實，最可怕的就是盛名之下其實難副，用戶不是傻子，最終產品的質量決定了他們是否會留下。

很多人購買 IP，囤積 IP，卻沒有深度挖掘 IP，他們採取的是暴力改編 IP，未經打磨就上線，而 IP 的原始粉絲是不會認可這種改編的。

IP 可以帶來粉絲，但是產品本身的質量決定了用戶是否願意留下。

因此遊戲能不能賺錢，能不能被認可，更多取決於遊戲本身的設計和運營。

陷阱 3：消耗 IP 而不是共建

我們購買 IP，為的是運營它，使它的價值變得更大。在關於漫威模式那一節中，我們已談到讓共建價值取代挖掘，而不是一味地消耗 IP。

圍繞 IP 產生的產品，都只是 IP 的衍生物，不要讓衍生產品透支 IP 的生命。

在追逐 IP 的過程中，要選擇那些經得起時間考驗、真正具備價值、有情感內核、真正能引起共鳴的 IP，這種 IP 對未來的經營才是有保障的。

同時，不僅要注重 IP 的早期價值養成，也要注重 IP 後期價值開發的過程。

每一步都不鬆懈，才能打造出好的 IP 作品。

中匯影業創始人侯小強說：「超級 IP 不是靜態的文字，而是動態的發展過程。」

真正的超級 IP，你會看到它默默無聞走入大眾視野，會看到它從二次元到三次元，會看到它不斷生長，不斷變得更有價值。

在當前影視 IP 大熱的情況下確實存在不少機會，放眼望去，市場前景也一片大好。但是如果將注意力過多地放在機會包裹的利益之上，那麼即使擁有再多的機會，也可能成為泡沫一觸即碎。

【藍海篇】在泛娛樂的藍海中乘風破浪

第 4 章娛樂 + 文學：兵家必爭之地

4.1 網路文學，激戰正酣

摘要：

在互聯網行業中，網文對於 IP 運作起著至關重要的作用，因為目前中國 IP 創意的一大來源就是網文。

網路連載已經不是網文賺錢最好的途徑了，但是想要作品有更好的發展前景，網路連載仍然是重中之重。

天下網文大勢分析

網文是中國 IP 創意的一大來源

在互聯網行業中，網文似乎並不怎麼引人注意，但是它對於 IP 運作發揮至關重要的作用，因為目前中國 IP 創意的一大來源就是網文。

網文先是同網遊行業合作，然後逐漸發展到頁遊行業。而隨著移動互聯網時代到來及手遊的崛起，網文更是聲名鵲起。優秀小說 IP 被眾多娛樂公司爭搶，其熱度從方想的新書《五行天》剛開頭就得到 800 萬元遊戲改編版權費就可以看出來。

在受到遊戲行業重視的同時，網文還受到影視劇的重視。近幾年的熱播影視劇《輮琊榜》《花千骨》《盜墓筆記》等作品都是改編自知名網文。2015 年上映的《尋龍訣》和《九層妖塔》兩部電影都改編自非常有名的網路小說《鬼吹燈》。2015 年中國電影總票房為 440 億元，而這兩部電影的票房加起來就已經超過 23 億元。網文是中國 IP 創意的一大來源已成為一個共識！

網文市場中最大勢力：閱文集團

在網文市場中，2015 年 1 月成立的閱文集團目前處於一家獨大的狀態，無論是平臺、內容，還是品牌運營、收入等都領先於市場其他網文公司。

閱文集團將原來盛大文學和騰訊文學旗下的網站進行統一管理和運營，其中包括起點中文網、創世中文網、小說閱讀網、瀟湘書院、紅袖添香、雲起書院、QQ 閱讀、中智博文、華文天下等眾多知名品牌。

統計數據顯示：閱文集團月度覆蓋總人數已經超過了 6000 萬，而它的競爭對手百度和阿里巴巴兩者相加起來也不到 4000 萬。

在這裡，掌閱文學是需要單獨拿出來說的，因為掌閱文學透過自己的 APP，占據了移動端市場較大的份額，占有率達到了 34%，長期處於同類 APP 第一的位置（如圖 4-1 所示）。

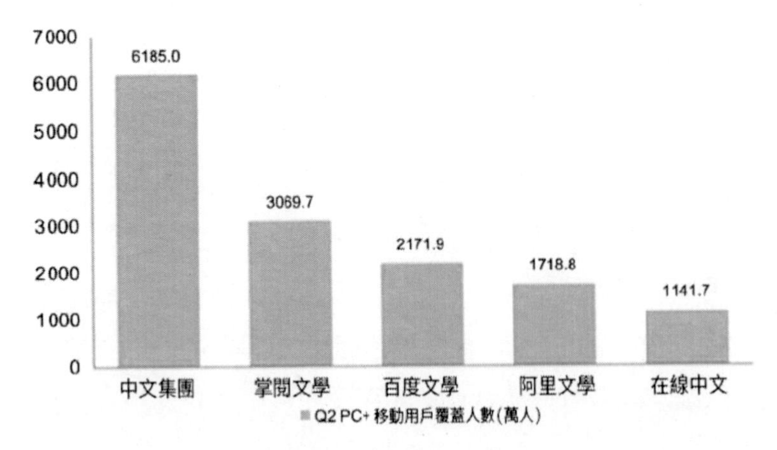

圖 4-1 2015 年第二季度網路文學企業 PC+ 移動端平均閱讀覆蓋人數

而從集團運作上來說，閱文集團接手盛大文學之後，在對優秀作者進行包裝及打造優質 IP 上有了非常大的優勢，再加上同「騰訊電影 +」「騰訊動漫」等騰訊的泛娛樂業務平臺進行合作，閱文集團的泛娛樂戰略更加容易實現。

目前閱文集團一共擁有 300 萬冊圖書，每年的收入接近 20 億元。無論是圖書冊數還是年收入金額，都是其他網文公司無法企及的。

大多數網文平臺只有幾十萬冊圖書，比如掌閱有 35 萬冊圖書，移動閱讀基地的圖書在 40 萬冊左右。收入方面除了移動閱讀基地年收入較高（模式同其他平臺有所區別，不具備可比性），其他網文平臺的年收入都在幾億元左右。

雖然 QQ 閱讀只占市場份額的 20%，低於占市場份額 34% 的掌閱，但這只是移動端閱讀市場份額占比，沒有包括 PC 端，而且閱讀只是騰訊閱文集團的自由平臺之一，起點中文網及其他屬於閱文集團的平臺並沒有在圖 4-1 中體現。

網文各大勢力介紹

當前網路文學已經成為 IP 主要來源之一，現在我們就來瞭解一下網路文學的各大 IP 製造商。

位於第一梯隊的主要成員有創世中文網、起點中文網（見下表）。

第一梯隊	
創世中文網	創世中文網屬於閱文集團，是2013年成立的新網站，有騰訊在各方面進行支持，發展狀況良好，目前受到閱文集團的重點關照，正在進行造星及扶持網文大神的計畫。
起點中文網	起點中文網屬於閱文集團。老牌網文網站，國內最大文學閱讀和寫作平臺之一，擁有大最的優秀作者。

位於第二階梯的主要成員有縱橫中文網、中文在線、掌閱文學、阿里文學（見下表）。

第二梯隊	
縱橫中文網	縱橫中文網屬於百度，掌握的優秀作者資源僅次於起點中文網，加上有百度的文持，以及原本屬於完美世界的背景，無論是在渠道還是遊戲方面都有不錯的資源。但是因為早期採用過重金挖作者的做法，目前缺乏新生代的優秀作者。
中文在線	中文在線的特點是作品類型非常全面，並且和各大出版社有密切合作．在實體書出版方面有自己的優勢。2015年初在深圳交易所創業板上市。中文在線主要追求優質內容的打造，男女頻道實力均衡，因此也導致單方面拿出來並不突出，以至於與瀟湘書院、晉江原創網等偏重女性頻道的網站相比還有一定的差距．但是男性頻道每年都會有優質作品出現，都市、玄幻題材都有涉及。
掌閱文學	掌閱在2015年成立了掌閱文學，開始致力於原創文學的發展，但是目前還沒有優秀作品出現．原因一方面是因為成立時間較短．需要一定的時間：另一方面則是因為在政策上還有些問題需要調整。其實現在掌閱文學己經有一定數量的優秀作品，但是在對作品的推廣和包裝上還有所久缺，這力面閱文集團明顯做得較好。
阿里文學	阿里文學和書旗小說、UC書城組成了阿里移動閱讀業務的主要部分，它的建立對外宣佈為了做原創文學，可是目前來看，還沒有大動作。但是阿里文學背後的阿裡巴巴有著巨大的影響力，崛起指日可待。

位於第三梯隊的主要隊員有晉江原創網、紅袖添香、瀟湘書院、塔讀文學、看書網、磨鐵中文網、幻文小說網（見下表）。

第三梯隊	
晉江原創網	晉江原創網是有盛大文學旗下的一員，但是在騰訊收購盛大文學時，因為種種因素，其並沒有被納入閱文集團。其作品偏女性方向，2015年最為火爆的超級IP《花千骨》就出自這裡，中國出版的言情作品當中，一度出現晉江原創網一家獨大的情況，超過80%的版權都是來自晉江，而如今大多數影視劇IP也來源於此類。近幾年晉江作品方向有所改變，耽美及腐女類作品成為主流，這讓它的作品在政策上處於不利的位置，但是也正因為這樣，晉江原創網有著數量眾多的忠實用戶。
紅袖添香	紅袖添香屬於閱文集團·網站作品偏向女性頻道，題材以總裁文、都市文為主。被改編成影視劇的作品有《紙婚》《盛夏晚晴天》等，但是在與遊戲結合的道路上還處於摸索階段。
瀟湘書院	瀟湘書院屬於閱文集團。在以女性作品為主的網站中獨樹一幟，作品多為女強文。其作品《傲風》《天才兒子腹黑娘親》等有著非常高的人氣·瀟湘書院的作品有著強烈的女強風，在架空、女性、玄幻中處於一家獨大的狀態。該站作品和遊戲的結合度比較好，但是在影視方面較為弱勢。
塔讀文學	該站曾經在閱讀APP市場中有不錯的成績，也有不少優秀作品出現，但是在興盛過一段時間之後，網路文學市場開始有了較大變化，在競爭中該站沒有得到多少優秀作者資源，也面臨缺少新生代優秀作者的問題。而採取重金挖來作者的方式成本過高，無法保證引進作者的數量。
看書網	2013年被人民網以2.48億元的價格收購·看書網在移動端比較有優勢，擁有一定數量的用戶。同時憑藉早期佈局引進了很多優秀作品，使得在男女頻道領域均有不錯的IP儲備。但是因為自身實力的欠缺，當前其收入來源全要依靠協力廠商平臺與運營商。
磨鐵中文網	磨鐵中文網在中國民營圖書領域算是行業巨頭了，在出版界有著巨大的影響力，同時手中也有非常多的大神作者，比如《盜墓筆記》作者南派三叔、《明朝那些事兒》的作者當年明月、《誅仙》作者蕭鼎等。但是出版和數位閱讀有非常大的差別，如何進行轉變，磨鐵中文網也在不斷地摸索。
幻文小說網	2015午凱撒股份以5億多元的價格將其收購，被收購時幻文剛成立兩年時間。在這兩年時間裡，幻文準備了一批優質的IP資源，也嘗試與遊戲公司進行合作。但是幻文面臨缺少新鮮IP,以及缺乏粉絲用戶的困境，凱撒的收購為其添分不少。

唐家三少 1.1 億元再登富豪榜

2016年3月25日，第十屆作家榜之網路作家榜正式發佈，唐家三少以1.1億元的總收人摘得桂冠，連續三年位列網路作家富豪榜的榜首。

客觀地說，唐家三少的小說並非超凡脫俗，但在一眾大神之中，為什麼偏偏是唐家三少登頂呢？

或者說，在網文大軍中，要獲得商業上的巨大成功，有什麼秘訣呢？（如圖 4-2）

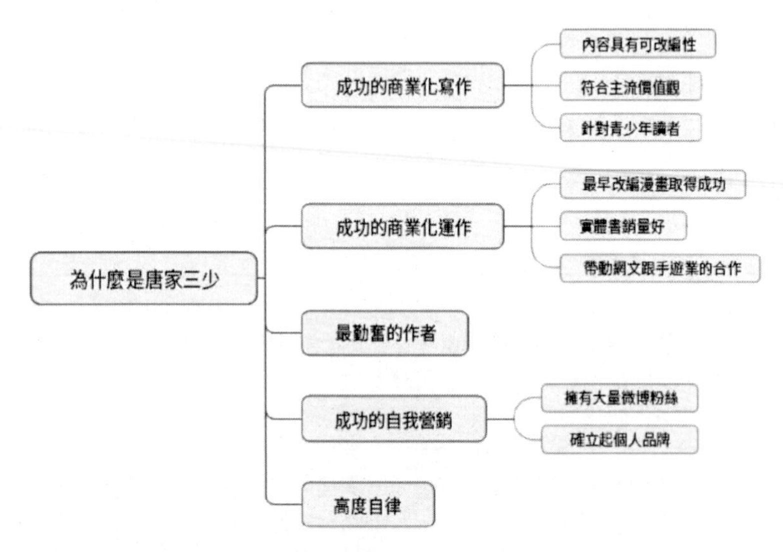

圖 4-2 唐家三少成功的原因

在娛樂產業井噴式發展的背景下，曾經一度被忽視的網文行業，因為有良好的讀者基礎，並且處於 IP 創意源頭的位置，立刻就顯示出巨大潛力。

尤其是在網文改編手遊方面，發揮出 IP 運作的優勢，將網文 IP 的價值在很短時間內大幅提升。而在 2015 年，影視 IP 同樣成了熱門話題，多部熱門網文 IP 被改編為影視劇。

那麼這些現象對於網文作者有什麼影響呢？我們對比一下 2014 年和 2015 年的網路作家榜，可以發現這些上榜作家 2015 年的收人比 2014 年增長了不少，進入榜單前 10 名的門檻也從 2014 年的 1100 萬元提高到了 2015 年的 1400 萬元。還有一些低調的網文富豪作家並沒有出現在榜單上。

我們從榜單的對比中還可以發現，雖然網文作家收人都有所增長，但是連續三年都是榜首的唐家三少的收人從 5000 萬元直接增長到了 1.1 億元，這個增長幅度實在有些驚人。

曾經有人對大神級網文作家人氣指數做過調查，結果顯示位居網文作家榜首位的唐家三少的人氣並沒有天蠶馬鈴薯和辰東的高，這就難免讓人感到奇怪，人氣沒有他們高，為何收入卻比兩人加起來還要多？

唐家三少之所以人氣不是最高，收人卻能最高的原因，就是他的寫作已經非常商業化，加上商業化的運作手段，同時他也非常勤奮、自律等。這些原因讓唐家三少在風口上借勢飛了起來。

成熟的商業化寫作

成熟的商業化寫作，除了完整的故事架構，商業化的起承轉合，立體化的人物主角和配角外，還需要考慮小說是否具有可改編性、內容是否能夠被潛在受眾所喜歡，這就需要小說有精準的定位和考量。而唐家三少在這一方面做得非常出色，因為他的作品表達的內容大都符合主流價值觀，這就意味著小說在進行改編審核時更容易透過。

唐家三少的所有作品，只有《生肖守護神》在內容上有爭議，這也導致書再版時換了好幾家出版社，內容也是改了又改。唐家三少也正是因為這次經歷，在之後創作作品時更加謹慎，同時更加注重作品的可改編性。

唐家三少為了讓自己的作品更加有針對性，還專門做過市場調查，創作作品時會考慮 11~14 歲的青少年受眾群體。這種做法雖然讓其他受眾群體有些許不滿，但是這為他作品進行跨界改編打下了良好的基礎，同時讓他成為青少年網文讀者最為熱捧的作家，而這些青少年網文讀者正是網文讀者中最大的群體。

這種作品定位讓他的作品在不是最優秀的作品的前提前，卻可以讓青少年讀者牢牢記住他的名字。也正是因為青少年讀者的支持，他的作品被改編時都大獲成功。

成熟的商業化運作

很多不瞭解的人認為，唐家三少即使再出色，也不過是個網路小說寫手，類似的寫手多如牛毛，他不過是其中運氣比較好的一個罷了。抱著這種看法的人太小瞧這位大神級網文寫手了，唐家三少的成功為後來者指明了發展方向，同時對於網文行業有著重要意義：

①最早改編漫畫並獲得成功的。猜想很少有人知道，第一部被改編成漫畫的網路小說就是唐家三少的《鬥羅大陸》，並且取得了巨大成功。漫畫推出後銷量超過了百萬冊，漫畫製作方還因為作品過於火熱，想要將唐家三少甩開自己單幹，唐家三少為此還和漫畫出版方打了官司。

②網文作家中實體書銷量最好的作家之一。唐家三少同時還是網文作家中實體書銷量最好的作家之一。從《神印王座》開始，他的作品實體書銷量就一直不錯，其中《絕世唐門》的實體書銷量更是達到了驚人的上千萬冊！

③帶動了網文同手遊行業的合作。唐家三少很早就看到了網文改編手遊的市場，所以投資了一批手遊公司，這些手遊公司也是最早進行網文改編的公司。隨著 2013 年手遊作品《唐門世界》（如圖 4-3 所示）取得的巨大成功，網文 IP 價值一路瘋漲，同時推動了網文和手遊行業的合作。在此之前，一部網文作品改編手遊的版權費少的幾千元，最多的也不過幾十萬元。

圖 4-3 手遊《唐門世界》

最勤奮的作者

對於網文這種特殊的文學作品，其最大的競爭力並不是行雲流水般的文筆，也不是一波三折的動人情節，而是長期穩定的更新速度。從這一點來看，就明白為什麼唐家三少能夠稱雄網文行業這麼多年了。

唐家三少的作品水平在網文中應該屬於中等偏上的，但是他的更新效率一直都很高。網文有一個特點，就是時效性非常強。想要持續獲得讀者的關注，就要按時更新，每次更新的內容還不能太少。唐家三少非常清楚這一點，他懂得斷更對作品的人氣具有極大的破壞力，所以一直保持日更萬字左右的速度，這種更新速度和頻率，絕對算得上是最勤奮的作者。

立足粉絲經濟，成功地自我行銷

其實，唐家三少的核心競爭力就是他所具有的強大執行力。同時，他對粉絲經濟瞭解得非常透徹，知道怎樣將自己打造成一個頂級 IP，塑造個人品牌。

網文行業近兩年的火爆，離不開粉絲經濟的爆發。網文作品透過互聯網平臺發佈，進行廣泛傳播，從而積累大量粉絲。粉絲們的追捧，讓網文作品有了跨界發展的價值，因此才出現了網文改編的影視劇和遊戲等作品。

在個人品牌的塑造上，網文行業裡猜想沒有人能夠比唐家三少更出色。雖然同其他人相比，唐家三少在粉絲運營上起步較晚，但是他從開始就以認真的態度去對待，並且始終堅持在做，這點與他更新小說的態度一樣。

唐家三少同時也是諸多網文大神作者中，最熱衷於自我行銷的，從他的微博影響力可見一斑。

在新浪微博上，唐家三少的粉絲數量多達 344 萬，而與他同級別的大神的粉絲數量只有他的尾數。

這說明，唐家三少在粉絲經濟上的行銷是非常成功的。

當所有人都承認唐家三少是網文最大神時，他的作品的價格毫無疑問就會被定得更高，並獲得更好地推廣。這就是他經營個人品牌的價值和目的所在。

在過去 10 年的時間裡，唐家三少已經成功地建立起個人品牌，照此情形發展，只要唐家三少保持現在的勤奮，他的影響力就會一直保持在巔峰。

目前，唐家三少手中有多達 16 部作品（15 部正傳作品及一本外傳作品）。而與他同級別的作者中，辰東有 5 部作品，我吃番茄有 8 部作品，天蠶馬鈴薯有 4 部作品，在數量上他們就輸了。

如果單論某部作品，他們或許會勝過唐家三少，但是就個人影響力和小說數量來說，卻絕對趕不上唐家三少。

因為唐家三少自身的影響力，他的作品不會像其他人的作品那樣，短時間內就消失在書海之中，他的作品現在仍然有很高的人氣和強大的可改編價值。唐家三少的《惟我獨仙》雖然是 10 年前的作品，但是也賣出了 500 萬元的遊戲改編版權費。

這符合經濟學上的長尾理論，他的作品隨著時間的推移不但沒有暗淡，反而迸發出新的經濟價值。

高度自律

和很多依靠炒作而一夜走紅的網紅相比，唐家三少的成功是靠自己的努力一步步走出來的。每天更新保持在萬字左右，十幾年如一日，這聽上去有點不可思議，但是他做到了。依靠高度的自律，他塑造出了獨一無二的個人品牌。

從這幾年網文的發展情況，大家可以發現，網路連載已經不是網文賺錢最好的途徑了，但是想要作品有更好的發展前景，網路連載仍然是重中之重，它能夠擴大作品的影響力。因為在互聯時代，作品的最大人氣來源就是網路，所以網路連載是一定不能放棄的。只有網路連載才能夠持續吸引讀者的關注。另外作者在創作作品時，也需要將未來的衍生品考慮進去，從而對作品有更精準的定位。

4.2 打破界限：讓網文讀者和遊戲玩家走向共和

摘要：

網文 IP現在已成為一種流行「貨幣」，這種「貨幣」所流通的市場則是規模巨大的泛娛樂市場。

《2016—2021 年中國手遊行業成功模式與領先戰略規劃分析報告》提供的數據顯示，占玩家總數 62% 的人希望有更多基於網文 IP 改編的遊戲出現。

網文＋手遊：誰在為最流行的貨幣買單

網文 IP 現在已成為一種流行「貨幣」，這種「貨幣」所流通的市場則是規模巨大的泛娛樂市場。

目前來說，和網文 IP 融合得最好的就是遊戲。

IP 作為市場的內核，所有遊戲公司都在爭搶，不同的公司爭搶的方式和方法不一樣，但為什麼各大遊戲公司都在爭奪 IP 呢？

優質 IP 能讓手遊獲得更高回報

一個優質 IP 所具有的價值已經無須質疑，一個優質的網文 IP 往往能夠為手遊帶來較高的廣告收益。同樣水平的兩款遊戲放一起，由 IP 改編的遊戲轉化率會明顯較高。這一特性會幫助遊戲在初期獲得大量用戶，從而節省推廣費用。

《2016—2021 年中國手遊行業成功模式與領先戰略規劃分析報告》提供的數據顯示，占玩家總數 62% 的人希望有更多基於網文 IP 改編的遊戲出現。

而 Analysys 易觀智庫所提供的數據顯示：2015 年在 iOS 平臺暢銷榜前 100 位的遊戲當中，基於 IP 改編的遊戲占 40%，與 2014 年相比，占比明顯提高。

帶動 IP 粉絲成為遊戲玩家：讓 IP 粉絲和遊戲玩家走向共和一款基於大眾所瞭解的 IP 改編的遊戲上線之後，不僅遊戲玩家會被吸引，IP 的粉絲也會被吸引，從而成為遊戲玩家。IP 遊戲對於通路也同樣有吸引力，和沒有 IP 的遊戲相比，IP 遊戲更容易獲得有效的推薦。有效推薦意味著高下載量，對通路來說，高下載量也就代表著高收入。

我們就以熱門 IP 遊戲《花千骨》為例。《花千骨》在 2008 年開始創作，之後在 2015 年 4 月改編為電視劇（如圖 4-4 所示），僅一個月時間該劇的總播放量就達到了 30 億次。如此龐大的粉絲群體讓《花千骨》手遊（如圖 4-5 所示）也因此大受關注，月流水超過 2 億元，這一數據超過了《刀塔傳奇》當年所創下的紀錄，這就是 IP 所能帶來的價值。

圖 4-4 電視劇《花千骨》

圖 4-5《花千骨》手遊

當然，IP受到眾多手遊廠商的追捧，其根本原因是手遊行業發展到現在，移動互聯網人口紅利已經處在一個相對平穩的時期，並且由於行業競爭激烈，同質化嚴重，同一類型的遊戲有無數公司在研發，因此手遊公司需要找到一個突破口，以獲取更多用戶，而 IP 就是這個突破口的關鍵。

伴隨著手遊行業的競爭日益激烈，有關優質 IP 的爭搶不難想像有多慘烈，現在一些優質 IP 授權價格都在千萬元級別。購買 IP 是一種資本的遊戲，也可以說是一場豪賭，一場對於未來市場判斷的豪賭。既然是賭，那就有贏也有輸。並不是說搶到了優質 IP 就一定能帶來豐厚的回報，如果缺少好的產品，IP 就沒有了意義，只能成為一種固定資產，還要承擔過期的風險，如果基於 IP 做出來的產品粗製濫造，反而會影響到 IP 原本的價值，給 IP 帶來負面影響。

第 5 章娛樂 + 遊戲：投資領域的新賽道

5.1 遊戲，藍海中的藍海

摘要：

電子競技和泛娛樂的結合，可以形象地比喻為二次元和三次元的合體。這種合體既是大勢所趨，也是諸多粉絲、玩家、用戶的衷心期望。

電競行業近兩年的表現是有目共睹的，如果我們從市場角度來看待電競圈，那麼它毋庸置疑地是如今最熱門的「網紅」之一

IP 搶購熱潮下的遊戲產業

大娛樂公司懂得如何利用自己的資源，資本運作是他們最擅長的。

他們從早期儲存的 IP 資源中挑出一部分進行運作變現，提高公司利潤，並且在 IP 運作的過程中拉高公司的估值。當一些大娛樂公司成為平臺通路方時，還可以利用這一身份提高 IP 的價值。

目前中國在 IP 資源變現方面最為成熟的是盛大文學，雖然「泛娛樂」概念最早由騰訊副總裁程武在 2011 年提出，但是盛大文學在此之前已經有了

類似泛娛樂的想法。在 2010 年盛大文學就開始將部分簽約作品的遊戲版權對外銷售，而且一部作品的遊戲版權費可以達到上百萬元的驚人價格，甚至其中一部分作品的遊戲版權僅是手遊版權，PC 遊戲版權和頁游版權並沒有包括在其中。在 2014 年盛大文學舉行的網路文學遊戲版權拍賣會上，六部網文小說的遊戲版權賣了 2800 萬元！

2015 年，當騰訊收購盛大文學，成立新公司閱文集團之後，網文 IP 授權價格更是一路瘋漲。

網文 IP 授權價格瘋漲的原因主要是以下幾個方面（如圖 5-1 所示）。

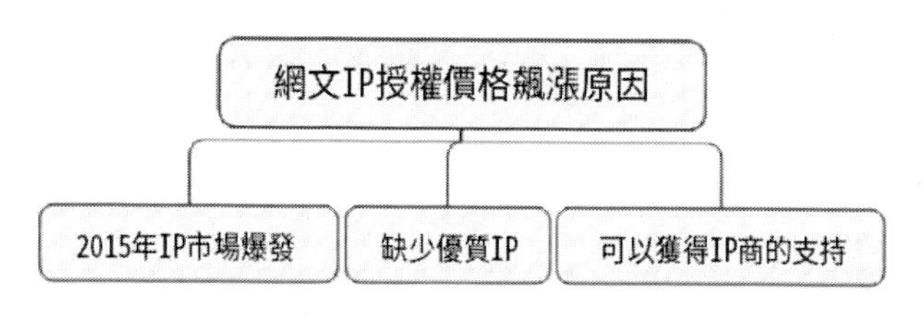

圖 5-1 網文 IP 價格瘋漲的原因

① 2015 年 IP 市場大爆發，眾多娛樂廠商意識到了 IP 能夠造成的作用，導致 IP 價格一路飆升。

② IP 資源眾多，但是優質 IP 資源卻非常少，因此受到熱捧，從而拉高了 IP 整體價格。

③購買 IP 能夠獲得 IP 商的大力支持。比如，從騰訊購買到一個 IP，當產品上線之後，在騰訊的遊戲平臺上就會受到重視和關照，與其他遊戲相比，就有了優勢。

騰訊 2015 年收購盛大文學的價格是 50 億左右，而現在閱文集團的估值是 200 億左右（閱文集團主要沿用的是盛大文學的架構，創世中文網由原來的起點中文網核心團隊搭建，雲起書院則是騰訊原來就擁有的品牌）。

將遊戲的標籤從娛樂轉為文化，同時促成文化產品釋放價值

在大部分人眼中，遊戲應該歸屬於娛樂產品，很少有人會將遊戲看作是文化產品（雖然網路文化經營許可證是大部分遊戲公司都需要辦理的）。即使有部分人會因對遊戲的情懷而將其上升到藝術與文化的高度，但是到了具體遊戲產品上，遊戲仍然無法被看作是文化產品。

但是不管是因為受到了國家政策的鼓勵，還是因為遊戲人對遊戲的深刻情懷，又或者只是單純地為了賺錢，遊戲這種娛樂產品和 IP 這種最具有文化特質的標籤結合在了一起。

以往變現較為困難的文化產品在遊戲和 IP 進行結合的過程中，其價值得到迅速釋放，同時這也是國家政策所引導的方向，而且有一大波在這一過程中獲得利益的人正在推波助瀾，比如受到改制影響的出版社等。

遊戲 IP 熱的新趨勢

如今 IP 市場大為火爆，但是一些遊戲公司從這種火爆中看出了一些問題：大部分 IP 其實並沒有什麼作用，而遊戲用戶也已經厭倦了那種隨便拿個 IP 直接貼牌的遊戲產品。

在未來一段時間，IP 授權將會出現以下幾個新趨勢。

趨勢一：大量由端游 IP 改編的手遊作品出現。

從《夢幻西遊手遊》《大話西遊手遊》《天龍八部 3D 手遊》等由端游 IP 改編的手遊作品所取得的成績來看，端游 IP 有著明顯的優勢。

趨勢二：從直接進行 IP 授權改變為共同打造 IP。

比如，劉慈欣為《雷霆戰機》創作劇情架構，馬伯庸為英雄互娛一款遊戲做劇情架構，而最有代表性的是天蠶馬鈴薯為遊戲《蒼穹變》寫新書，實現了「書遊同步」。

面對未來的變化，中小遊戲公司如何應對呢？（如圖 5-2 所示）

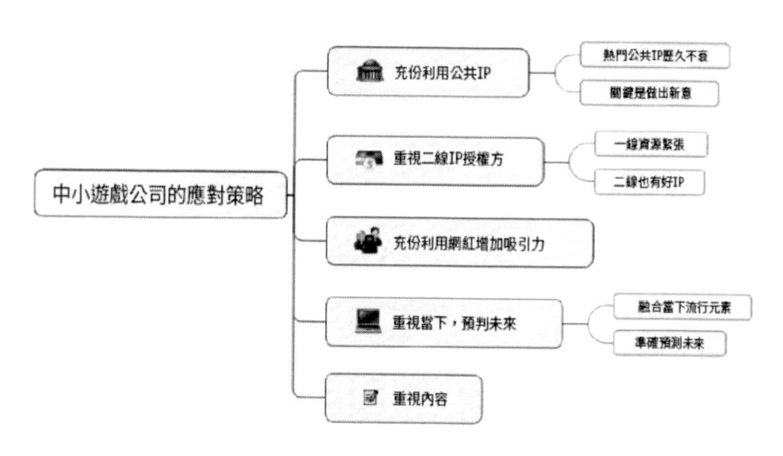

圖 5-2 中小遊戲公司的應對策略

①充分利用公共 IP，做出不一樣的產品

比如，三國主題遊戲就是遊戲中一個經久不衰的熱門題材，每年都會有幾款關於三國題材的新遊戲上線。

②重視二線 IP 授權方

目前在 IP 授權方面，BAT 是業內三大大廠，作為一線 IP 授權方，大量優質 IP 掌握在他們手中。

不過二線授權方中同樣也擁有優質 IP，比如中文在線、看書網等。這些平臺上的一些作品的質量，甚至要優於原來盛大文學高價賣出的作品的質量，但是因為受到平臺的限制，這些作品沒有得到系統化的版權運作和包裝，所以從各種數據上來看，表現不怎麼搶眼。正是這個原因，導致二線授權方手中有不少 IP 面臨變現難的問題，迫切需要遊戲廠商的幫助。當然，遊戲廠商在與二線授權方合作時不應侷限於授權這一種模式，還可以使用其他合作模式，比如，雙方共同對 IP 進行包裝打造。

③充分利用網紅來增加吸引力

隨著新媒體逐漸興起，很多網紅也有了獨立發展的打算，比如，網文紅人唐家三少現在身價早已過億，於 2014 年成立了自己的公司。出現這種情況是市場發展的必然結果，個體在發展過程中隨著實力的增強，獨立意識也會隨之增長。CP 公司可以抓住這個機會，同這些網紅進行合作，利用網紅所具有的影響力提高自身的吸引力，獲得大眾的關注。

④融合當下流行元素，準確預判未來市場

將當下流行因素同產品相融合併對未來市場有準確的預判，H5 遊戲《圍住神經貓》在微信圈的瘋傳，以及角色養成遊戲《暖暖環遊世界》都是這一類型的典範。

⑤重視內容

對一款遊戲起決定性作用的是遊戲的內容。內容才是遊戲最關鍵的因素。一款遊戲即使擁有一個優質的 IP 能夠吸量，但是如果無法留住用戶，仍然是失敗的產品。

電競泛娛樂化：我們正在成為主流

近兩年，電競行業的表現有目共睹，如果我們從市場角度來看待電競圈，那麼它毋庸置疑是如今最為熱門的「網紅」之一。

針對電競用戶人群，有第三方機構提供了這樣一組有趣的數據：關注電競的人群年齡大多在 18~24 歲之間，在關注電競的人群中，有 57% 的人認為自己是忠實電競愛好者，其中女性沉迷於電競的比例為 22%，同男性 18% 的沉迷比例相比，高出 4 個百分點。這與我們想像中電競多是男性玩家的想法背道而馳。

透過泛娛樂，電競進入了主流文化

出現這種情況的原因可能是：最初的電競具有高競技性，因此吸引到的人群以男性為主，這些人願意用較多時間來提高自己的競技水平，並且在觀看電競比賽時是抱著競技的態度來欣賞的。

然而近兩年電競行業迅速走紅，吸引了大量資本進入，同時電競直播平臺崛起，曾經以競技為主導的電競行業因此出現了改變，開始逐漸走向泛娛樂化。電競行業在向泛娛樂化發展時，娛樂化和社交化就成為了行業的主導，而女性受眾對於這兩點非常青睞，因此出現了女性受眾沉迷於電競的比例高於男性的情況。

電競產業透過泛娛樂將受眾群體擴展到了女性，這代表著電競行業已經進人了主流文化。為什麼這樣說呢？因為電競和視頻彈幕的發展類似。視頻彈幕最早只流行於 ACG 領域，受眾人群較少、並不被主流文化認可。隨著影響力的逐漸增加，彈幕成為視頻網站的基本配置，如今，透過彈幕進行吐槽和互動已經是一種文化現象，成為一種主流的娛樂方式。

行業環境幫助電競主流化

對於電競的泛娛樂化，背後行業的驅動也造成了十分積極的作用。一方面是遊戲公司加大了對競技遊戲的開發和運營的力度；另一方面，CFM 中國大學聯賽等電競遊戲賽事的舉辦，鬥魚、熊貓等遊戲直播平臺的躥紅，還有最近專門打造電競明星、進行電競節目製作、進行粉絲運營的公司的出現，這一切共同構建起了電競的泛娛樂生態，加快了電競進入主流文化的速度。

政策利好電競行業

在政策層面，2016 年 4 月 15 日中國國家發改委官網正式發佈了《關於印發促進消費帶動轉型升級行動方案的通知》，在這個涉及多個領域通知的第 27 小項中，有「開展電子競技遊戲遊藝賽事活動」的內容。從這個《通知》可以看出，電競再次獲得國家政策的正面認可和支持。此外，首次由政府主導的電競賽事「北京電子競技公開賽」將於 2016 年 7 月在鳥巢舉辦，比賽包括端游、手遊、棋牌三大門類中的多個項目，參賽成員將覆蓋 10 個城市的 100 所大學。電子競技早在 2008 年就已經被列為體育項目，而 2016 年更有消息稱，國際電子競技聯盟將申請電子競技加入奧運會比賽項目中。

遊戲、視頻都是電競的主場

在娛樂文化產業中，遊戲和視頻是重要組成部分，而現在這兩個領域早已被電競所占領。翻看遊戲的發展歷史，在單機遊戲時代，曾經有很多遊戲爆紅過，但經典遊戲必然是類似《星際爭霸》《魔獸爭霸》這樣的競技對抗類遊戲，而在網路遊戲時代這一點就更加明顯。雖然現在仙俠、魔幻類遊戲製作越來越精良，但是上網查詢一下流行遊戲排行榜就會發現，無論什麼時候，最熱門的網路遊戲必然是類似端游《英雄聯盟》及手遊《部落衝突：皇室戰爭》這類具有明顯競技特徵的產品。

而在視頻領域，與電競相關的電競直播、遊戲解說及遊戲攻略早已發展得如火如荼。比如，騰訊 3 月份關於 TGA 賽事的專題頁面總瀏覽量高達 1632 萬次，第一個月全網播放量更是達到了驚人的 1603 萬次，這樣的播放量已經可以和當下熱門的互聯網綜藝節目相比肩。另外，透過做遊戲主播成為網紅已經是一種流行方式。

現在的電競直播已經進人了內容自制時代，比如，T-REX 電競在簽約了小蒼、小米、JY、苦笑等電競明星後，結合電競明星的自身優勢，推出了《神探蒼系列》《JY 最可靠教學》《苦笑團戰大解析》《米時米刻》等。這些節目達到將近 40 億次的總播放量，月播放量接近 2 億次，而單期節目的最高播放量，突破了 1500 萬次，火熱的程度已經達到最火電視劇的標準了。

綜上所述，電競不僅是資本市場的最熱土地之一，而且正逐漸成為影響 90 後、00 後的主流文化方式。

電子競技 VS 泛娛樂：二次元 & 三次元以正確姿勢合體

電子競技曾經是非常小眾的產業，如今卻有越來越多的人意識到它才是未來的主流。

電子競技和泛娛樂的結合，可以形象地比喻為二次元和三次元的合體。這種合體既是大勢所趨，也是諸多粉絲、玩家、用戶的衷心期望。

那麼，電子競技如何和泛娛樂產業融合？合體姿勢的正確示範有兩個：

第一，讓電子競技走進嘉年華；

第二，開展 365 天全年無休的電競賽事活動。

合體方式 1：讓電競走進嘉年華

2016 年 4 月 19 日，綜合性電競平臺 WCA 宣布，WCA2016 世界電子競技大賽與花妖遊戲動漫嘉年華達成戰略合作。

WCA 和花妖遊戲將共同打造集遊戲、動漫、音樂、旅遊為一體的文化娛樂嘉年華。新聞一出，筆者幾乎要為它擊節叫好。

WCA2016 攜手花妖遊戲動漫嘉年華電競大賽泛娛樂成趨勢注

隨著首屆移動電子競技大賽的開幕，電競賽事持續走熱。4 月 19 日，綜合性電競平臺 WCA 宣布，WCA2016 世界電子競技大賽與花妖遊戲動漫嘉年華達成戰略合作（如圖 5-3 所示），將共同打造一個集遊戲、動漫、音樂、旅遊為一體的文化娛樂嘉年華。

據悉，今年 WCA 將攜手花妖在北京、成都、上海等六個城市開展大型嘉年華巡演活動。舉辦地均為中國國家 5A 級旅遊勝地，這可以讓人們在旅遊中享受娛樂之旅。

活動期間，除了 cosplay 表演、大型動漫展、大型二次元音樂會，WCA 世界電子競技大賽的線下賽事也將是嘉年華的重要節目，屆時參與者可在現場體驗到電競的激情與快感。

圖 5-3WCA2016

據介紹，自 2014 年創建以來，WCA 世界電子競技大賽一直致力於泛娛樂化戰略的發展。WCA 方面表示，今年遊戲、動漫、

音樂、旅遊四位一體的文化娛樂嘉年華的舉辦，是 WCA 世界電子競技大賽泛誤樂化戰略走向成熟的標誌。另外，除了與花妖遊戲動漫嘉年華達成合作，WCA2016 還將參加 ChinaJoy、德國科隆遊戲展在內的全球遊戲盛宴。

WCA 相關負責人表示，電競行業在與其他行業跨界融合發展的過程中，需要更多地利用電競天然的娛樂和網路特質，借助「互聯網 +」的運營模式，與影視音樂遊戲等更多文化娛樂行業進行深度的跨界融合、創新發展，這樣才能加速推動中國電競產業的成熟發展。

電競賽事的泛娛樂化趨勢有目共睹，而把電競和動漫結合起來，WCA 也不是第一個吃螃蟹的，令人讚嘆的是其合作的方式是「嘉年華」。

嘉年華一直是二次元文化的代表，同時也是二次元愛好者為數不多的走向三次元的機會。

每個嘉年華，都能彙集一群動漫愛好者在線下聚會，嘉年華除了動漫屬性、娛樂屬性，其實還有社交屬性和旅遊屬性。電子競技的受眾和動漫的受眾重合度非常高，如何把他們聚集、融匯在一起，成了一個難題：電子競技的主場一直是直播、賽事和見面會，而動漫的主場則更為多元。

當電競走進嘉年華之後，一方面可以拉攏動漫粉絲成為電競的粉絲，另一方面，也為電競的粉絲提供了更好的遊玩通路。

合體方式 2：365 天全覆蓋的賽事

電競行業有一個共識：直播、綜藝、嘉年華都是電競泛娛樂化的新玩法，但是電競的主場永遠在賽場中。

只有賽事才是最讓人熱血沸騰的，也只有比賽能夠最大限度地燃燒粉絲的熱情。

誰能掌控比賽，誰就能擁有更多粉絲；誰能安排最吸引人的賽事，誰就占據了電競的主場。

以 WCA 來說，2016 年電競比賽的項目有《DOTA2》《魔獸爭霸 3》《爐石傳說》《星際爭霸 2》《CS：GO》《英魂之刃》，此外還有移動電競遊戲產品和微端產品，實現了市面上熱門遊戲的全覆蓋。

而在遊戲種類上，除了 FPS、RTS、M0BA 類遊戲之外，還加入了棋牌類遊戲，以便更大限度地圈粉。

WCA2016 年全年的賽事安排分成了 4 個維度：首先是職業賽；其次是公開賽；這兩個賽事是電競行業關注的重中之重。

而普通玩家（相對於職業玩家來說）也有機會加入到賽事中來，他們的舞臺就是大學賽和網吧賽。

也就是說，當你成為電競粉絲時，你有無數場比賽可以看，有無數次比賽的結果可以期待，最重要的是，你也可以參與其中。

5.2 影遊聯動：影視 IP 和手遊強強聯合

摘要：

影遊聯動是個趨勢，但是它目前還很不成熟，比起影遊聯動，從目前來說，「電視劇 + 手遊」的結合要更容易些。

影遊要真正「聯動」，有兩個繞不開的點：

第一，互惠性，必須對電影方和遊戲方都有利；

第二，時效性，必須在正確的時間聯手，否則就不用再聯手了。

影遊聯動，期望很美好，現實很骨感 IP 對於遊戲產業非常重要

我們來想像一下，假如你現在要去超市買一瓶礦泉水，結果進入超市之後發現貨架上有幾十種品牌的礦泉水，你會如何選擇呢？也許你突然發現一個品牌在外包裝上印有一隻海豚，而你非常喜歡海豚，最後你就會選擇這個品牌的礦泉水——海豚就是 IP，你選擇這個品牌的礦泉水就是海豚 IP 造成的作用。

對於遊戲來說，有些遊戲本身製作精良，劇情有很強的代入感，遊戲 IP 這時就能夠為遊戲帶來更多的粉絲。而有的遊戲製作平平，唯一的特點就是 IP，對於這樣的遊戲，IP 則關係著遊戲的存亡。

喜歡玩手遊的人即使沒有玩過由熱門電影授權改編的遊戲，至少也聽說過。實際上，電影和手遊的親密程度遠超一般人的想像。根據數據顯示，截至 2016 年 3 月，在中中國地國產電影票房排行榜的前 20 名中，有 11 部電影授權了其相關的手遊。

在手遊商家眼中，與小說和漫畫這樣缺乏實體形象的 IP 相比，電影這種具有實體形象並且自帶代言人的 IP 有著先天優勢。

既然是這樣，為什麼我們所看到的電影授權製作的手遊都非常粗糙呢？電影公司又是怎樣看待與手遊合作的狀況呢？手遊對電影所產生的效果電影公司有正確的預判嗎？對於電影來說，手遊的存在是必要的嗎？將電影改變成手遊，能夠對電影的行銷造成多大的作用呢？

仔細瞭解由電影所改編的手遊產品之後，產生以上這些疑問是有理由的。以 2014 年上映的電影《一步之遙》所改編的手遊為例。雖然遊戲號稱由電影改編，並且和電影有相同的名字，但是其內容卻很難與電影聯繫起來，甚至有些不知所雲，從遊戲中的人物到遊戲背景，都與電影《一步之遙》沒什麼關係，兩者最大的關係就是有相同的名字。

和中國電影改編的手遊相比，國外電影公司授權改編的手遊水平相對較高，但是也只是表現在製作上。以迪士尼公司來說，它的很多電影改編的手遊都只是半成品遊戲加上一個電影的名字，然後很牽強地同電影聯繫起來，而且其改編的遊戲都是像《小鱷魚愛洗澡》這種三消類遊戲。但是比起中國手遊連電影角色植入這樣的基本工作都敷衍了事的卡牌、跑酷類遊戲，還是要好得多。既然電影改編的手遊是這種狀況，為什麼還有那麼多電影要推出手遊呢？

影遊聯動：時差是個大問題

瞭解一下過去由電影所改編的手遊數量，就會看出在 IP 爭奪已經白熱化的今天，手遊行業將 IP 改編為遊戲的嘗試已經開始了很長一段時間。但是有關電影改編手遊的宣傳似乎還很少看到，這些遊戲在瞬息萬變的手遊市場中很快就消失了。

一些手遊公司雖然接受「影遊聯動」的概念，但他們並沒有選擇與電影公司合作，將手遊和電影同步推出，而是選擇直接購買電影 IP，然後以電影 IP 為核心，從頭製作一款手遊作品，比如手遊作品《西遊降魔篇》。

這就造成了時差問題。

這部手遊作品推出的時間和電影相差將近兩年，電影是 2013 年 2 月上映的，而電影的IP在2015年4月才購買下來，當遊戲上線時，《西遊降魔篇》的導演周星馳已經開始製作電影《美人魚》了。

雖然遊戲製作公司對於這款作品的前景非常看好，但問題是，距離《西遊降魔篇》這部票房大賣的電影上映已經過去兩年時間，兩年之後這部電影 IP 已經失去了原有的關注度。另外，電影製作方只是授權，對於手遊產品的推廣工作並不參與，在遊戲推出之後遊戲公司只能自己宣傳。種種因素疊加起來，使這部被製作方大為看好的手遊作品上線之後，遠沒有達到預期效果。

比「電影 + 手遊」更契合的是「電視劇 + 手遊」

電視劇和手遊往往能結合得更好。

2015 年，《花千骨》電視劇上線，預期同時上線的還有同名手遊《花千骨》。電視劇《花千骨》一上映就迅速爆紅，成為現象級作品；而手遊《花千骨》同樣火爆，成為 2015 年愛奇藝遊戲的支柱作品。電視劇《蜀山戰紀之劍俠傳奇》製作方與藍港聯合發行的手遊作品《蜀山戰紀之劍俠傳奇》也取得了不錯的成績，很快躋身於 App Store 暢銷排行的前列。而同樣由電視劇改編的同名手遊《青丘狐傳說》也在 App Store 暢銷榜上取得了一席之地。

由此可見，電視劇和手遊之間的結合要好於電影，並為影遊互動開了一個好頭。

愛奇藝聯席總裁徐偉峰在接受媒體採訪時表示：「愛奇藝遊戲之所以在選擇合作遊戲公司時優先考慮中大型公司，主要原因是影視劇的上映檔期會對影遊互動所得到的效果產生影響。而通常情況下影視劇的上映檔期會出現延後很長時間的情況，當出現這種情況時，規模較小的遊戲公司就會因為無法承擔因等待上映檔期而造成的損失，最後導致項目流產。」

影遊聯動的兩個關鍵：互惠性和時效性

影遊要真正聯動起來，有兩個繞不開的點：

第一，互惠性，必須對影方和遊戲方都有利；

第二，時效性，必須在正確的時間聯手，否則就不用再聯手了。

互惠性

從資金投人上來看，一部中等製作的電影需要投人的資金都是以千萬元為單位來計算的，即使是小成本電影也需要幾百萬元。從製作週期上來看，一部電影的製作週期大概是一年時間，和遊戲公司製作手遊不同，電影的週期並不是連續的。電影前期準備工作需要一段時間，中期就是電影拍攝的時間，在拍攝完之後還需要後期進行製作及宣傳。手遊在投入資金和製作週期上相比電影要少很多，這樣一來，在電影和手遊合作的影遊互動中，手遊所占的比重就比較少了。

電影和手遊進行配合行銷，這種做法對於電影本身的行銷是有幫助的，但是手遊能夠造成的作用有限。對於電影來說，影片本身才是行銷的主要內容。

電視劇也一樣。即使是像《花千骨》這樣的超級 IP，其手遊收人一個月就達到 2 億元，頁游收入則達到 5000 萬元，這個收入早已超過電視劇本身的收人。雖然遊戲收人超過了電視劇，但是其實手遊所產生的影響力還是從電視劇的影響力轉化而來的，《花千骨》電視劇本身才是核心。

電影公司在購買原著電影版權之後，再去購買遊戲版權並不麻煩，但是考慮到上面所說的原因，手遊並沒有得到電影公司的重視。在電影公司看來，手遊的存在只是為了讓觀眾熟悉一下電影的名字，它所能造成的作用遠不如一個時長 2 分鐘的預告片或者公共場所的廣告。

手遊對電影的影響，電影公司很難評估。電影公司所得到的數據只有遊戲的下載量，究竟有多少人是透過手遊而去影院看電影的，電影公司無法知道。除非在手遊裡增加諸如「註冊就能夠獲得打折電影票」之類的環節，才能夠對手遊產生的效果進行量化。而投放預告片和宣傳海報，電影公司可以根據觀看量或者是人流量來瞭解直接接收廣告的人數。手遊也算是廣告，但並不是直接廣告，用戶先玩了遊戲才能夠間接地接收廣告，中間有多個流程，並不利於影片的傳播。

時效性

電影和電視劇有一個很大的不同點，就是電影的上映時間有限，普通電影通常能上映 20 天左右。而電視劇就不一樣了，在一家電視臺進行了首播，還可以在其他電視臺重複播放，時間跨度更是沒有限制，一年、兩年甚至更長久的都有。因此電視劇和手遊合作對雙方都是有利的，也是非常有必要的。而電影因為上映時間的原因，導致跟手遊的合作效果不太好。

而時效性是遊戲開發商最關注的問題，電影 IP 的時效性極強，除非電影可以做成經久不衰的系列。對於普通電影來說，大多數只能維持兩個月的熱度，最熱的時段還是電影上映的時期，一旦電影下線，這個 IP 的熱度就過去了。

電影 IP 熱度的消失同時影響著基於電影 IP 所改編的手遊，這些手遊在電影上映時還有一定的影響力，當電影熱度退去之後，手遊的影響力也會快速下滑，最終消失在眾多遊戲當中。

這就是為什麼有電影 IP，網文 IP 仍然是最火爆的，因為網文 IP 的生命週期更長，熱度更持久。

電影 IP 輸在時效性，但是贏熱度。

電影 IP 所帶來的粉絲，他們的購買力很強，非常年輕，對新鮮事物的接受速度也更快，這些粉絲和手遊的粉絲重合度是極高的。

所以，即使電影只上映短短一個月，加上前期造勢的時間，遊戲開發商也能盈利頗豐。同時 IP 買賣市場的繁榮也離不開這些僅出現一段時間就消失的手遊。

手遊公司已經意識到電影 IP 有其特殊性，它和電視劇、小說、漫畫等 IP 有所不同，因此遊戲公司不再一味爭奪高票房 IP，轉而去尋找系列電影 IP 改編，並且逐步改變了單純購買 IP 然後進行改編的模式，開始嘗試同電影方進行深層次的合作。

目前中國手遊公司在這方面依然處於探索階段，需要走的路還很長。

第 6 章娛樂 + 影視：資本熱錢湧入，粉絲持幣待購

6.1 絕命雙「度」：話題度和關注度是關鍵

摘要：

每一個超級明星 IP 轉化成影視都會成為全民關注的焦點，表面看來似乎超級明星 IP 就是盈利的保障，實際上卻不盡然。明星 IP 能夠帶來話題度和關注度，這使粉絲願意打開網頁，而影視劇的質量決定了粉絲願不願意掏錢。

明星 IP 要有大眾情人的屬性，它必須足夠大眾化、足夠有趣，這樣對投資人來說才有足夠的安全感。

《盜墓筆記》播放破 23 億次

2015 年最受關注的網劇《盜墓筆記》由愛奇藝參與拍攝，並在愛奇藝平臺獨家播出，最終創造了 23 億的播放量（如圖 6-1 所示）。

圖 6-1 網劇《盜墓筆記》海報

愛奇藝《盜墓筆記》完美收官冠名商押寶強 IP 大劇賺大了[注]

今夏最受關注超級網劇《盜墓筆記》日前完美收官，23 億播放量足以讓該劇傲視群雄，成為同業借鑑的標竿。而高流量帶來的高收益，也讓愛奇藝成為今夏最強吸金機器，視頻變現困局在純網內容時代，超級 IP 網劇的影響力峰迴路轉。

超級網劇完美收官各項數據創行業之最。

《盜墓筆記》是由愛奇藝參與投拍的純網劇集，並在愛奇藝平臺獨家播出。

突破以往小打小鬧的網劇製作格局，《盜墓筆記》改編自同名小說。超級 IP 的背景，讓《盜墓筆記》在開播之初便吸引了大量粉絲關注，播放量破億甚至僅用不到 24 小時。

此外，《盜墓筆記》首次嘗試差異化排播模式，即愛奇藝 VIP 會員可以搶先觀看全集，非會員則根據一週一更新的節奏觀劇。VIP 全集一經上線，大量會員湧入，5 分鐘內播放請求達 1.6 億次。

8 月 17 日，《盜墓筆記》終於迎來大結局，在原著作者更新小說最終章的同時，愛奇藝提前上線第一季結局，再次在「粉絲」中掀起一陣觀看熱潮。截止到 8 月 18 日 12：00《盜墓筆記》總播放量達 23 億。同時，社交聲浪仍在不斷擴散，目前，新浪微博相關話題總閱讀量已達 31.8 億次，總討論量達 722 萬。而在劇集熱播期間，登上熱搜榜的關鍵字就超過 50 個。

從百度指數上來看，該劇百度搜索指數峰值突破 370 萬，並在相當長的一段時間內霸占百度電視劇風雲榜冠軍寶座。毫無疑問，《盜墓筆記》已經締造了全新的超級網劇神話。

《盜墓筆記》刷新高廣告商們賺大了。

《盜墓筆記》項目中，讓人驚嘆的絕不僅僅是播放量與社交聲量，要知道，該劇競然史無前例地售出七席冠名權，同時，劇目合作廣告商創紀錄地達到 35 席，欄目廣告總收入已破億元。

其中，搶先投放《盜墓筆記》的王老吉成為今夏最大贏家，以其獨到的行銷慧眼與強大的整合能力，借熱劇之勢貫穿整個夏季「越正宗越熱愛」行銷活動，收益頗豐。同時，豪挪千萬元攬下首席冠名，並邀男主角李易峰成為產品代言人的 OPPO 手機，亦趁劇集火熱之勢強力推新，掀起輿論熱潮。另外，聯合贊助商淩仕，聯合特約贊助商美麗說、滋源、優信拍，合作夥伴珀微等品牌均以不同形式投放《盜墓筆記》，共享現象級網劇引爆的注意力紅利。

實際上，相較於動輒上億元的傳統電視節目冠名，網路自制內容能夠以更低的成本取得更高的回報。千萬元冠名便可收穫 20 億級關注，這在過去幾乎可以說是天方夜譚。另外，網劇植入給了品牌廣告主更多商業內容呈現及整合行銷的自由度，拋開對品牌露出的初級追求，廣告主擁有基於熱門內容展開整合行銷的廣闊空間。

愛奇藝屢創奇蹟憑何打造 IP 大劇？

除了《盜墓筆記》之外，愛奇藝還曾打造眾多現象級網劇。

早前收官的《心理罪》播放量達到5.3億，近期開播的《校花的貼身高手》上線首週流量也突破 1.4 億。可以看到，在網路自制劇領域，愛奇藝正迎來超級 IP 集中爆發期。

為什麼《盜墓筆記》是免費的，大家還是願意掏錢

2015 年，紅遍全網路的小說《盜墓筆記》拍了網路劇。視頻網站愛奇藝從中看到商機，買下了該劇的版權，然後在自己的平臺獨家播放，並且是永久免費的。但是有一點，愛奇藝對於免費會員是一週只更新一集，而對於付費的會員則可以立刻看到該劇的完整內容。

這個策略得到的結果是：在開啟付費會員可以看到全部的功能之後，短短 5 分鐘時間裡，播放請求的次數是 1.6 億次，而選擇立刻開通付費會員的人數超過了百萬。假如每一個會員一年的費用是 100 元，算下來，這一部網路劇就為愛奇藝帶來上億元的收入，即使是按照月來計算，假定每個月是 10 元，這也是上千萬元的收入。

為什麼這部網路劇明明是免費的，卻有這麼多人為了提前觀看而選擇付費觀看呢？不明白的人肯定有很多，但是愛奇藝是明白的，所以這件事情就發生了。

原因一方面是《盜墓筆記》這個超級 IP 所具有的號召力和吸引力，另一方面則是網友希望自己能夠比其他人更早地得到權利或者享受服務。

「雖然我可以免費得到，但是我希望盡快得到。」

一些產品和服務，能夠更早獲得，就意味著你能更早享受。比周圍的人更早得到，這對某些人來說是一種高貴的象徵。而對於那些充滿激情的粉絲們，他們先在意自己能夠第一時間獲得，其次才在乎需要付出的費用。

同樣的例子在中國電影市場上比比皆是。眾所周知，所有的電影在上映之後的幾個月內就能從網路上下載觀看，但是中國電影市場卻越來越繁榮。因為當一部新電影上映之後，周圍的人都在討論這部電影，大多數人不願意等待幾個月時間後再看。

強大的粉絲群是《盜墓筆記》的終極保障

《盜墓筆記》的網劇幾乎從播出的第一集開始，就受到了無數的質疑甚至謾罵，連南派三叔都不支持《盜墓筆記》網劇，那麼為什麼它仍然能收穫令人咋舌的盈利呢？

答案是粉絲。強大的粉絲群是《盜墓筆記》網劇的終極保障。

筆者身邊的很多《盜墓筆記》粉絲表示，只要是《盜墓筆記》，再爛也要看，看完也許會罵，但是不看對不起自己這麼多年對《盜墓筆記》的喜愛。

每一個超級明星 IP 轉化成影視都會成為大眾關注的焦點，表面看來似乎超級明星 IP 就是盈利的保障，但實際上卻不盡然。明星 IP 能夠帶來話題度和關注度，這使粉絲願意打開網頁，而影視劇的質量決定了粉絲願不願意掏錢。

如果只是粗製濫造，雖然在收穫罵聲的同時也會收穫金錢，但其實是消耗 IP 的同時也在消耗自己的信用。無論是明星 IP 的持有者，還是 IP 的粉絲，都質疑你能力的時候，也許未來的道路就這麼堵住了。

《如懿傳》：未開拍即賣 8.1 億元

2016 年 1 月，一則新聞驚爆了大家的眼球：《如懿傳》宣布賣出 8.1 億元人民幣的網路播放權。

這是一個前所未有的數字，也是一個「理所當然」的數字。下面先來看一則有趣的新聞：

《如懿傳》未開拍先賣 8.1 億元嬛嬛的兒媳不一般

《甄嬛傳》一火，每個人開口閉口都是娘娘前、娘娘後。不過很快，娘娘的兒媳婦有可能將超過自己的婆婆。當初《如懿傳》才開始宣布開拍，劇組都還沒有建立，版權費就已「三級跳」，著實讓人驚了一把。《如懿傳》作為《甄嬛傳》的續集，將於 2016 年 8 月開拍，周迅 15 年後再入清宮，出演甄嬛的兒媳婦、乾隆的皇后烏拉那拉氏。

破紀錄——網播單集出價 900 萬元？業內人士稱「價格可靠」

2012 年，《甄嬛傳》螢屏首播，以海嘯之勢迅速風靡全球，造成「萬人空巷睹甄嬛」的火爆盛景，開創出古裝宮廷劇新風格。原著作者流瀲紫在完成《甄嬛傳》小說的創作後，又耗費 5 年時間，潛心打磨《甄嬛傳》續作《如懿傳》小說及劇本。此前華西都市報記者就從影視公司獲悉，《如懿傳》於 2016 年 8 月正式開拍，女主角「如懿」已最終敲定華語影史首位「三金影后」（金馬獎、金像獎、金雞獎）周迅。

2016 年 1 月 26 日，據微博自媒體爆料，《如懿傳》已被騰訊以 8.1 億元的價格拿下獨家網路播出權，根據其爆料的共計 90 集的集長來看，單集網路播出成本已突破 900 萬元這個前所未有的價格。「想當初孫儷主演的半月傳單集也就 200 萬元，這是要上天啊！」不少網友紛紛表示驚嘆。該消息的真偽目前還無從查證，不過有業內人士表示，這個價格應該是可靠的，網路和電視臺的版權價格加起來單集甚至可賣出 1500 萬元。

平常事——未播就收回成本買家營收算盤在幕後

值得關注的是，近年來幾部電視大劇在視頻網站上不約而同地賣出了「天價」。金牌製作人侯鴻亮曾透露，投資過億元的《琅琊榜》，僅網路價格就基本收回成本。對於《羋月傳》曾創下電視劇網路版權紀錄一事，曹平沒有透露具體價格，只是低調地表示，「目前為止確實是一個奇蹟」。而據電視劇業內資深人士李星文透露，《羋月傳》的網路單集價格高達 200 萬元，甚至超過了「一劇四星」時代大部分衛視的購片價格。

「現在的大劇好劇，沒開播就收回成本是常事。視頻網站有自己的算盤，不可能花了錢，而收不回來。我們在推廣上的費用，甚至比電視臺還高。」一位視頻網站的員工告訴記者，此前為了推廣《羋月傳》，他們不僅組織了多場片花髮布會和探班活動，還投放了地鐵、樓宇及眾多通路廣告，「雖然購買價格高，但之後的獨家冠名費和品牌廣告在視頻上的投放，以及用戶活躍度拉升，會帶來不少新收益。」

《如懿傳》成功賣出 8.1 億元，說起來聳人聽聞，其實背後有其深厚的基礎所在。

《如懿傳》的作者是現象級 IP《甄嬛傳》的作者流瀲紫。

《甄嬛傳》被認為是繼《還珠格格》後最火爆的清宮戲，它受到了所有年齡層次觀眾的喜愛，就連筆者的媽媽都看了很多遍《甄嬛傳》，可謂是百看不厭，這跟《甄嬛傳》本身的明星 IP 屬性和出色的製作班底是分不開的。

《如懿傳》表面上看是新 IP，但是在大眾眼中，它就是《甄嬛傳》的續集，有《甄嬛傳》在前，《如懿傳》一開始就被寄予了深切的期望，它和《甄嬛傳》是綁定在一起的，《甄嬛傳》有多出色，人們對《如懿傳》的期待度就有多高。

明星效應：最被期待的演員，最極致的清宮戲

周迅宣布主演《如懿傳》，讓很多人大跌眼鏡，這也是大眾看好《如懿傳》的重要原因，周迅早年以《大明宮詞》進人人們的視野，拍攝的電視劇如《橘子紅了》《人間四月天》《像霧像雨又像風》等都是家喻戶曉的精品，所塑造的角色也深入人心。

近幾年，周迅主打電影，極少參演電視劇。最近一次參演的電視劇是獲得了諾貝爾文學獎的莫言的代表作《紅高粱》。

所以這次參演《如懿傳》，無疑讓人們意識到：《如懿傳》是有這個價值讓周迅參演的。周迅在微博上次應說：「我只能說，我會回報給大家一部最極致的清宮戲。」

這又拉高了人們的期待，有了明星效應的加持，《如懿傳》被看好更是理所當然。

大眾情人的題材屬性

我們前面談過明星 IP 的特徵，其中一個重要特徵就是明星 IP 要有大眾情人的屬性，它必須足夠大眾化、足夠有趣，對投資人來說才會有足夠的安全感。

毫無疑問宮鬥題材就符合這一特徵，同時有了《甄嬛傳》改編成手遊的例子（如圖 6-2 所示），《如懿傳》改編成手遊也有了相應的基礎。

圖 6-2《甄嬛傳》手遊網頁

6.2 網生內容填補了娛樂市場的巨大空缺

摘要：

中國其實是存在編劇困局的，很少有編劇能寫出「新」的東西，這個「新」是指能符合新一代的想法，吸引最新一代的眼球。而 IP 的產生，正式填補了市場中空缺的位置。

對於投資者來說，在一開始就知道觀眾有多少人、在哪裡、什麼態度，是一件非常爽的事情。巨大的關注度，就是 IP 的優勢所在。

網生 IP 的出現，改變了中國影視編劇的困局

中國其實是存在編劇困局的，以目前而言，這個困局可能是：很少有編劇能寫出「新」的東西，這個「新」是指符合新一代的想法，吸引最新一代的眼球。

我們的編劇擅長傳統題材，比如倫理劇、宮廷、民國、抗戰，這些都是他們擅長的。《甄嬛傳》《偽裝者》都是非常優秀的作品，但是仍然「太傳統」。2015 年《甄嬛傳》走出國門了，被翻譯出口，但是原本 76 集的劇情，出口以後被壓縮成 6 集：這一方面說明甄嬛傳的成功（能夠出口），但是被壓縮成 6 集也說明它畢竟不是國際化的東西。

這就是問題所在：我們的電影，在中國有很多人看，但是在國外有多少受眾？我們有多少類似於《美國隊長》《指環王》《權利的遊戲》這樣的作品？

這些才是國際化的。

年輕人是娛樂的主力受眾，他們喜歡的是科幻、奇幻、傳記改編、史詩一樣的故事，而如今的編劇就不是很擅長。

娛樂性：IP 的娛樂性填補的是巨大的市場空缺

在精明的電影人眼中，IP 不僅僅是內容，它的價值在於能夠非常高效地進行宣傳、行銷，它本身就有巨大的基礎，它可以更便捷地生產商業價值。

換言之，IP 本身是商業價值。IP 的意義是：不需要花費什麼力氣，就能吸引大量的關注。

對於投資者來說，在一開始就知道觀眾有多少人、在哪裡、什麼態度，是一件非常爽的事情。

巨大的關注度，就是 IP 的優勢所在。

這種關注度，有時是一開始就充滿了鮮花和掌聲的，比如《如懿傳》宣布由周迅擔任主演後，網上一片看好和讚揚之聲，未開拍已經賣出 8.1 億元網路播放權。

有時這種關注度是圍觀者的質疑和叫罵。

在愛與罵聲中獲得關注，引爆熱點，就是 IP 的宿命。

能夠早一步明白這層意義的人，自然是受益最大的一批人，但是這也需要有足夠紮實的基礎。郭敬明創作的「小時代」系列是建立在他的超高人氣的基礎上的，互聯網大廠們手中掌握的通路和平臺可以讓 IP 更易發揮其價值，而一些影視公司既掌握著人氣小說，又擁有通路與平臺，在影視 IP 市場中自然有巨大的影響力。

可延展性：一句話可以改編成歌曲，一首歌也可以成為電影

IP 改編成影視劇的熱潮甚至不再侷限於網文、長篇小說，只要一個 IP 夠熱度，它就有發酵的空間：哪怕只是一首歌、一句話。

這顯示的是，IP 驚人的可延展性。

周冬雨主演的《同桌的你》，就是由歌曲《同桌的你》發酵而來，同樣由熱門歌曲 IP 發酵出來的電影還有《梔子花開》。

哪怕是一句流行語，也可以被當作 IP 去運營。高曉松的一句話：「生活不止眼前的苟且，還有詩和遠方。」已經被改編成了歌曲。也許下一步，就是電影了。

目前最流行的 IP 模式是養 IP：網文中產生，漫畫中發酵，最終配合遊戲的生產。在這個過程中，IP 逐漸壯大。

網易最火爆的遊戲《新大話西遊 2》（如圖 6-3 所示），它的源頭就是周星馳 1995 年的經典喜劇《大話西遊》，它有深厚的受眾基礎，如今網易運營這款遊戲已經超過了 10 年。

圖 6-3 網易經典遊戲《新大話西遊 2》

從這個角度來講，《大話西遊》是最歷久彌新的 IP，它是 IP 中的超級 IP。

IP 的最理想狀態也應該是這樣：既可以透過網文、遊戲生生不息地賺錢，又可以透過電影等模式爆發出來，瞬間達到萬人空巷的狀態。

並非所有 IP 都有被拍成電影的潛質

並非所有的 IP 都具備被開發成電影項目的潛質：它必須有一些電影化的特徵。

無論這個 IP 講的是什麼故事，它必須「能拍攝」「能融資」「能娛樂化」。

「能拍攝」最好理解，一個 IP 再有名，它難以被轉化為電影語言，也是白費工夫。比如《百年孤獨》，那是明星 IP 的鼻祖了，因為它的複雜性，至今無法被搬上銀幕。所以，一個故事可以被轉化成電影語言拍攝出來，是最基礎的要求。

「能融資」，是指它具備市場價值，能夠說服投資人去投資，它一定是市場化的，契合現在市場需求的，有賣點能賺錢的。

「能娛樂化」，不是指這個 IP 必須是喜劇，而是指它能夠在大範圍內傳播和推廣，它具備能夠被觀眾喜愛和自願推廣的潛質。

這 3 個要素相輔相成，缺一不可。

無論電影的源頭是什麼，電影的靈魂始終還是它的故事，其他都是為故事這一核心服務的。

此外，一部優秀的電影，僅有 IP 是不夠的，導演和演員造成的是關鍵性的作用，而在網路劇中，編劇是最重要的。因為網劇需要的是持續的關注度及產生話題的能力，這就對編劇能力要求很高。影視公司只有擁有高水平的編劇及內容原創團隊，強產業鏈運營，才能夠打造精品。

觀眾不會為製作者購買 IP 的投入買單，只會被你拍攝出來的故事打動。

第 7 章娛樂＋體育：文體不分家，更有新活力

7.1 泛娛樂＋泛體育：打的是一套組合拳

摘要：

過去，一名體育明星退役之後，雖然不至於銷聲匿跡，但是熱度一定會遠不如從前。但是現在，退役後的體育明星又有了新的商業價值。

人人都有窺私慾，粉絲們最好奇的就是體育巨星的過去，好奇他的成長以及他人生中犯下的錯誤，而傳記電影給粉絲們的好奇提供了一個瞭解的通路。

泛娛樂＋體育明星：重新挖掘體育明星的商業價值

2015 年 8 月，阿里巴巴、新浪和體育巨星柯比宣布達成戰略合作。阿里巴巴、新浪和柯比示範了「泛娛樂 + 體育明星」的典範式的合作。

柯比加入阿里生態新浪體育加速泛娛樂化進程

日前，由阿里巴巴、新浪、KobeInc. 共同主辦的「尋找繆斯」柯比傳記紀錄片首映禮暨粉絲見面會在上海商城劇院舉行。NBA 籃球巨星柯比 . 布萊恩、阿里巴巴集團副總裁黃明威、新浪高級副總裁兼新浪體育事業部總經理魏江雷、Kobe Inc.CEO Andrea Fairchild 出席活動，並共同對外界宣布阿里巴巴、新浪、Kobe Inc. 達成戰略合作的消息。「自從成立柯比公司以來，我們一直在開拓新領域，尋找體育界前所未有的商業模式，而透過與國際知名互聯網企業阿里巴巴和新浪的深度合作，可以幫助我們實現目標，將柯比公司的內容及產品推向整箇中國市場。」柯比表示。同時柯比宣布柯比中文官網（http：//kobe.sina.com.cn/）正式上線、紀錄片《柯比的攀斯》2015 年 8 月 8 日將在天貓魔盒獨家播映。

馬雲歡迎柯比加入阿里生態共同探索體育 + 電商

柯比與阿里巴巴集團及馬雲本人的淵源由來已久，而此次的合作也意味著柯比正式加入阿里生態鏈，雙方將共同探索泛體育領域 + 電商的全新商業模式。

馬雲表示，「柯比是一個富有創新精神的企業家，在球場內外都建立了自己的傳奇，鼓舞著中國籃球愛好者和他的粉絲。我們很高興與柯比合作，共同鼓勵全中國的年輕人，激勵他們懷抱夢想，釋放潛能。阿里巴巴集團一直鼓勵支持創業者，我們歡迎柯比加入阿里生態，共同為這項意義深遠的事業而努力，使中國的年輕人獲益於此。」

體育明星 + 傳記電影：每個人都想知道他的過去

2015 年 8 月 8 日，柯比親自擔任執行製片的傳記電影《柯比的繆斯》在天貓魔盒首映，吸引了一大票柯比的忠實粉絲（如圖 7-1 所示）。

圖 7-1《柯比的繆斯》

這部紀錄片源自於柯比在 2012~2013 賽季時跟腱撕裂後產生的靈感，柯比在這部紀錄片中曝光了很多粉絲非常感興趣的極其珍貴的片段，其中有他兒時在義大利打球的經歷，有他與妻子的愛情故事，還有 2003 年使他陷入人生低谷的「鷹郡事件」。

在這部紀錄片中，柯比還談論了自己的少年時代，他的父親（前 NBA 球員喬 . 布萊恩）等。

這種「體育明星 + 傳記電影」的方式，吸引了柯比的眾多粉絲。透過這部電影，大家開始重新認識柯比。人人都有窺私慾，粉絲們最好奇的就是體育巨星的過去，好奇他的成長以及他人生中犯下的錯誤，而傳記電影給粉絲們的好奇提供了一個瞭解的通路。

另外，新浪為柯比量身打造的柯比個人中文網也在 2015 年上線了，粉絲們可以透過他的官網瞭解他的最新動態。

退役體育明星轉型：退役後還能迸發出新的光彩和商業價值

柯比與阿里的合作並非偶然，2016 年 5 月 13 日，華奧星空在「『全民助奧 . 聚在里約』啟動儀式暨『電商 + 奧運冠軍』產業合作新聞發佈會」上，宣布與阿里聚划算攜手，為退役後的體育明星提供新選擇。

這個新聞發佈會聽起來有點拗口，但是重點在於「電商 + 奧運冠軍」。

過去，一名體育明星退役之後，雖然不至於銷聲匿跡，但是熱度一定會遠不如從前。但是現在，退役後的體育明星又有了新的商業價值。

比如，跳水王子田亮，退役之後沉寂了一段時間，但是透過真人秀節目《爸爸去哪兒》，田亮重新回歸大眾視線，真人秀節目提供了一個舞臺、一個機會，觀眾們從未離田亮如此近，透過真人秀節目，田亮的粉絲甚至比以前更多了。

透過田亮這位退役體育明星參與真人秀節目，人們逐漸意識到：退役不僅僅意味著結束，它還可以是全新的開始。

這是一種「互聯網 + 體育明星」的新思路。在發佈會上，阿里巴巴聚划算還宣布將與華奧星空組織 3 支一共 90 人的里約奧運助威團，去參加里約奧運會。

這支奧運助威團由奧運冠軍高敏、錢紅等帶領觀賽，他們將全程解析體育文化、項目知識及金牌背後的故事。

相應地，阿里巴巴還會推出奧運助威產品到聚划算平臺。這種模式無疑是看好了體育明星的影響力和人們對體育的關注度。

7.2 健身 + 網紅：掀起全民健身熱潮

摘要：

健身圈中的「網紅」已經出現了很長一段時間，這些健身網紅不僅有非常高的人氣，還有非常合適的變現方法。

互聯網時代瞬息萬變，所有的 _ 切都在不斷髮生變化，隨著微信以及視頻直播平臺的崛起，未來的網紅模式應該是「直播 + 社群 + 服務」。

從第一代健身網紅到知乎健身大 V

健身圈中的「網紅」已經出現了很長一段時間，這些健身網紅不僅有非常高的人氣，還有非常合適的變現方法。我們首先瞭解健身圈的網紅發展史；其次再去瞭解在泛娛樂的今天，健身教練如何成為網紅，並利用這種模式獲得高收益。

健身網紅可以分為三個階段。第一階段的代表性人物是激勵了無數中國女性的韓國健身網紅鄭多燕，雖然她在中國走紅的時候已經年過 40 歲，但依然受到無數中國女性的崇拜。

第一代健身網紅：鄭多燕

鄭多燕的減肥方法在 2011 年時傳到了中國，進人中國之後立刻就掀起了一陣減肥風暴。無數網路、電視媒體都對她進行過報導，不少名人對她的減肥方法讚不絕口，其中包括汪涵、何靈、黃征、賈紅妹等眾多大牌明星。

2012 年 9 月，湖南衛視的女性節目《我是大美人》專門邀請鄭多燕參與錄製。

同年 10 月，湖南大型脫口秀節目《天天向上》也邀請鄭多燕做嘉賓。在這期節目中，鄭多燕分享了自已曾經遇到的問題以及減肥經驗，同時還現場表演了一段健身操。

不僅如此，鄭多燕在自己的官網上發佈了升級版的減肥套裝，升級後的套裝內容根據之前用戶的反饋做了相應的改進，並且在健身操中加入了器械練習。

2015 年 3 月，鄭多燕以聯合創始人身份進人上海贏捷訊息科技有限公司，並且建立起了一個同互聯網相結合的健身平臺。

同年 5 月，鄭多燕推出了瘦身產品「多燕瘦」，先後在中國與韓國進人市場。

同年 10 月，鄭多燕在上海虹橋開設了自己的健身會所。

2016 年 1 月，鄭多燕的第二家健身會所在上海吳中路開業。

第一代健身網紅鄭多燕所具有的特點

①鄭多燕是一個有故事的人，而且她很好地利用了這個故事。這個故事能夠直擊很多女性的痛點，比如，生完孩子後身體走形、與丈夫的情感問題

等。當女性知道鄭多燕的這些故事後就會產生一個想法：她透過跳操改變了這一切，我也可以做到！

②鄭多燕自己其實就是一個 IP，她的所有產品都是基於自己這個 IP 而產生的。鄭多燕的 DVD 雖然一直在日本和韓國銷售，但是在中國的很多網站都可以免費下載到她的減肥視頻，這讓她在中國的影響力進一步擴大。同時，學習她的減肥操門檻非常低，基本沒有什麼要求，這也有利於品牌的傳播。

③充分利用個人影響力。鄭多燕從最初的只銷售 DVD 到後來銷售產品套裝、進人健身產業公司及開設培訓學院，她將個人的影響力充分利用起來，並且變為可持續發展的商業模式。

第二代健身網紅：以知乎健身大 V 為首

2014 年 10 月，在知乎上有一則新聞被眾多知友所關注，即著名的知乎大 V 硬派健身得到了雷軍的天使投資，而且是雷軍主動找到門來的。這條消息讓知乎大 V 們興奮起來，原來做知乎的大 V 也擁有巨大的商業價值！其實在健身圈中拿到投資的大 V 並不是只有硬派健身一家，「人魚線 VS 馬甲線」和「睿健時代」也都獲得了投資。「人魚線 VS 馬甲線」主要是透過發佈勵志圖配上相關健身內容來吸引健身愛好者，同時他們還有相關的課程，並且初具規模；而「睿健時代」出現時間較早，在人人網流行的時候，它就在網上發佈與健身相關的圖片以及文章，在 2014 年年初獲得徐小平的真格基金投資後，推出了健身視頻教學類的 APP。

第二代健身網紅所具有的特點

①這些健身大V們都是依託;平臺快速成長。無論是「睿健時代」還是「人魚線 VS 馬甲線」，他們都在社會化媒體用戶快速增長的時期中獲益。

②傳播內容多來自國外的健身視頻。

③與用戶的互動非常積極，幫助用戶解決健身中遇到的簡單問題，並且給出一些訓練建議。

④除了利用自己的影響力進行行銷之外，都找到了一套適合自己的商業模式。

未來的健身網紅：直播 + 社群 + 服務

第三代健身網紅應該是什麼樣的呢？

答案：直播 + 社群 + 服務。

互聯網時代瞬息萬變，所有的一切都在不斷髮生變化，用戶的需求同樣也在不斷變化。隨著健身教學類的 APP 不斷增加，健身愛好者們的基本需求已經得到了滿足，但是因為個體差異性的存在需要進行個性化指導，同時也需要一定的互動，在這一方面，第二代的健身網紅是無法滿足的，時代的變化以及用戶需求的變化要求出現新一代健身網紅。同時，微信以及視頻直播平臺的崛起，給新一代健身網紅提供了非常好的發展平臺。

第三代健身網紅具有以下特點（如圖 7-2 所示）。

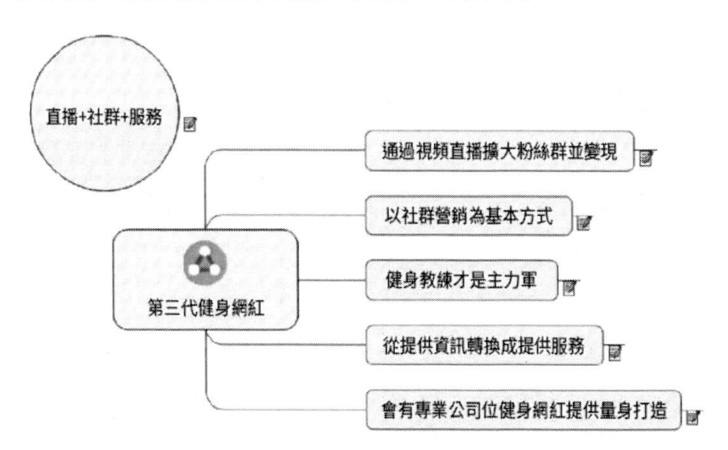

圖 7-2 第三代健身網紅

健身網紅會透過視頻直播平臺來擴大自己的粉絲群並直接變現。社群行銷成為健身網紅基本的推廣方式。

健身教練將會成為健身網紅的主力，這種身份更容易受到健身愛好者的關注。

健身網紅的價值從資訊過渡到服務。

會有專業的公司對健身網紅進行批量打造。

為什麼未來健身教練會成為健身網紅的主力軍？

①成為網紅會改變健身教練的收人模式。傳統的健身教練從健身房尋找客戶，然後進行一對一教學，以小時計費，收費為會員付費。而當成為健身網紅之後，客戶將從網路中獲得，採用一對多的教學方式，提高了效率，並且以課程計費，收費變為商家收費。

②健身教練成為網紅之後不再受地域、時間、空間的限制，成為一個真正的自由職業者，自身的價值也將透過互聯網得到充分體現，而不是待在健身房裡，想方設法地賣私教課。

我們可以來算一筆帳。假設一個傳統健身教練一節課的費用是 200 元，時間為一小時，如果這個健身教練想拿到 10000 元，就需要上 50 節課，按每天工作 8 小時來算，這個健身教練需要將近一週的時間才能夠達到目標，一個月下來也只能拿到 40000 元。

現在我們再來算健身網紅能賺多少。假如健身網紅向粉絲的收費是一個月 100 元，只要能夠找到 1000 個付費粉絲，健身網紅一個月就能拿到 100000 元，並且每天只需拿出一部分時間為付費粉絲提供服務。這樣相比較，傳統健身教練和健身網紅哪個更有潛力一目瞭然。

第 8 章娛樂 + 音樂：不斷進化的線上帝國

8.1 互聯網 + 音樂：從破壞者到變革者

摘要：

互聯網音樂公司的出現，改變了音樂行業的傳統格局，越來越多的音樂人將會進入「互聯網 + 音樂」的大潮中。

明星的本質是 IP，而情感始終是核心：誰能牽動觀眾的情感，誰就可以紅起來。

「互聯網 +」攪動音樂市場

2016 年 3 月 11 日，《我是歌手》第四季第九期踢館賽，張信哲唱了一首經過自己改編的《平凡之路》，他將《See You Again》一曲很好地嵌人進去，又搭配蘇格蘭風笛及三個令人印象深刻的胖姐妹伴唱，演唱的效果非常好。而對於張信哲的粉絲們來說，這首歌也是意義重大，因為現在張信哲已經很少推出新歌曲，能夠聽到這樣一首改編的歌曲，粉絲們也略感安慰。藝人們雖然會逐漸老去，但是他們的青春印記卻會永遠地留在粉絲心中。

音樂因互聯網而改變

關於互聯網和音樂的關係的爭論，這麼多年來從來沒有停止過，有人說互聯網的出現毀了唱片公司，還有些人認為互聯網讓一些原創音樂人放棄了原創。

曾經有一段時間，互聯網確實充當過音樂破壞者的角色，攪動著整個音樂行業。但是歷史的規律告訴我們，每經歷一次重大的變革，都會有無數行業被改變，要麼直接覆滅，要麼經過變革之後更加強大。音樂就是因為互聯網而改變的眾多行業之一，經過初期亂象叢生的局面之後，現在互聯網音樂市場逐漸規範起來，變得比互聯網出現之前更加強大和健康，從而成為現在我們所看到的「互聯網 + 音樂」模式。

互聯網音樂公司的出現改變了音樂行業的傳統格局，隨著高曉松、宋柯等音樂人加入阿里音樂，未來將會有更多的資深音樂人進入「互聯網 + 音樂」的模式。

在互聯網 + 音樂的模式中，線下部分應該占到 70%，線上則占到 30%，這樣的比重才是最合理的。那麼音樂領域的線下是什麼呢？

這裡的線下並不是指線下音樂公司，而是指一種音樂場景的打造。它的形式是多樣的，可以是一檔音樂選秀節目，比如《我是歌手》《中國好聲音》

等；它也可以是一個音樂節日，比如每年舉辦一次的草莓音樂節；傳統演唱會當然也是其中一種。

我們所處的是一個訊息爆炸的時代，一個訊息飛速傳播的時代。在這個時代，我們每天都會接觸各種社交網路和媒體，從這些社交網路和媒體當中我們獲取訊息，同時我們也在提供訊息。而音樂線上就是指這些社交網路和媒體，音樂分發通路正在由線下向線上轉移，將分發通路轉移到線上，更有利於音樂透過社交網路和媒體進行廣泛傳播，互聯網 + 音樂就在這樣的變化中不斷前進。

明星本質是 IP，情感是關鍵

選秀其實就是選情感

如何判斷一個 IP 是否成立呢？簡單而言，即一個東西拿出去賣，這個東西成本很低，而且購買的人也知道這一點，但就是願意花高價去購買。為什麼購買的人願意買呢？因為有情感在其中，這種情感就是喜歡或者愛。有很多產品經過短暫的流行之後就被大眾遺忘了，出現這種情況很多時候是因為產品缺乏維繫粉絲情感的東西。

現在的音樂選秀節目眾多，而這些節目有一個共同點，就是在唱歌之前要先播放一段歌手的介紹或是採訪視頻，播放視頻的原因一方面是讓觀眾更加瞭解歌手，另一方面就是增加觀眾對歌手的情感沉澱。從海選到最後的冠軍出爐，多期的情感沉澱，同時配合歌手不俗的演唱實力，一名優秀的歌手就這樣被打造出來了，同時成為一個優質的音樂 IP。

未來，內容傳播將主要依靠文字和視頻的形式，並且將會呈井噴式發展。有人也許會問，音頻在未來會得到快速發展嗎？音頻主要就是音樂和 FM，然而音頻中最有價值的形式是音樂，並不是 FM，所以未來音頻在內容展現形式上也會占有一席之地。

正是因為如此，網易雲音樂才會崛起，同時音樂社交平臺也是音頻的一個發展方向，比如現在的唱吧。

從唱吧走出來的紅人和秒拍、美拍走出來的紅人相比並不算少。比如，胖胖胖將自己的歌發佈到社交平臺之後，林俊傑來為他點贊；楊姣依靠自己在唱吧的影響力，剛大學畢業就舉辦了一次個人演唱會；而在唱吧擁有百萬粉絲的超人氣紅人孫琳被湖南電視臺邀請上過《天天向上》節目。其實從唱吧這類平臺走出來的紅人和秒拍、美拍等平臺走出來的紅人還是有不同的，唱吧具有社交屬性，而且社交是以音樂作為核心展開的。而秒拍、美拍等平臺更多的是具有工具屬性，因為在這些平臺出現的作品需要依靠微信等主流社交工具傳播出去，這樣的作品粉絲忠誠度較低，缺乏情感沉澱。

未來市場中，原創才是價值鏈的頂端

未來市場中，原創才是價值鏈的頂端，無論你是歌手、演員還是自媒體人，只有原創的作品大眾才會持續保持興趣。

其實那些優秀的 TMT 天使投資人及會原創的互聯網產品經理們，他們都是原創者。在如今泛娛樂的時代，原創是你需要擁有的基本能力。

8.2 全民選秀風口到來

摘要：

音樂領域泛娛樂化的出現，遠比其他行業要早，《超級女聲》引領了全民選秀的潮流，《超級女聲》讓人們意識到，原來音樂和娛樂結合起來，能夠產生這麼大的影響。

直播 + 娛樂 + 互動 + 二次元虛擬歌手 + 網友參與，能夠和網友產生互動，使網友主動參與其中，才是 3.0 時代最機智的玩法。

選秀 3.0 時代：直播 + 娛樂 + 互動 + 虛擬歌手

音樂領域泛娛樂化的出現，遠比其他行業要早，它的歷史從最早的不出名的選秀節目開始，到 2005 年《超級女聲》出現了第一個高峰。音樂選秀共有 3 個時代（如圖 8-1 所示）。

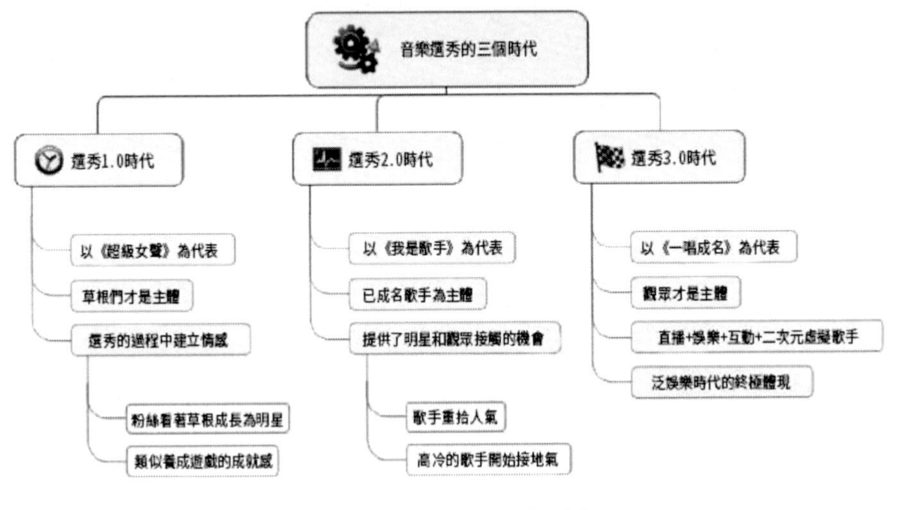

圖 8-1 音樂選秀的 3 個時代

選秀 1.0 時代：和草根藝人們一起成長

《超級女聲》的出現，拉開了選秀 1.0 時代的帷幕。

這個高峰至今還沒有被踰越：它貢獻了李宇春這樣橫跨音樂、電影、時尚界的超級明星，同時也貢獻了極具唱功的張靚穎以及非常有個人特色的周筆暢等。

以至於之後的選秀歌手，很難和她們比肩。

《超級女聲》引領了全民選秀的潮流，《超級女聲》讓人們意識到，原來音樂和娛樂結合起來，能夠產生這麼大的影響。如果李宇春沒有參加《超級女聲》，很難想像她現在會是什麼樣，但是可以肯定的是，她的成就一定沒有現在大。

就像我多次強調的，IP 的核心是情感，《超級女聲》這樣的選秀節目就像一個情感類的養成遊戲，你親眼看著一個普通的、有音樂天賦的女孩來到舞臺上，你一點點幫助她成長，陪伴她 PK 掉一個又一個對手，PK 的難度越大，你就越支持她，上升的道路越難，你就越愛她。

這種選秀節目，提供了一個絕無僅有的粉絲和明星培養情感的機會。

《超級女聲》之後，有了《快樂男聲》《中國好聲音》《快樂女聲》等，它們都是選秀 1.0 時代的玩法：草根參加選秀節目，唱歌、成長、PK，最後成為明星。

選秀 2.0 時代：明星參與選秀 PK

當普通的選秀再也選不出真正的大明星時，開始有人把目光從圈外投向了圈內。

第一次聽說《我是歌手》節目時我有點吃驚，因為參與的選手都是已經成名的歌手，按理說他們已經不需要再透過這樣的比賽來證明自己，甚至和別人比拚，反而是降了他們的身份，輸給其他歌手，該多麼丟面子？可以想像，連圍觀者都有這樣的感受，參與的歌手作為局內人，恐怕更是顧慮重重，所幸的是，他們的選擇是正確的。

《我是歌手》節目，不僅無損他們的地位，還使他們的人氣得到飆升，更上一層樓。

老一輩非選秀出身的歌手們大多有著極佳的天賦、專業的背景，他們的出道、成名也許背後是艱辛的，但是表面上看起來是那麼的理所當然。這就決定了他們作為明星，其實與觀眾有很大的距離感。

在親切感和接地氣方面，他們輸給了選秀出身的草根藝人們，甚至在這個泛娛樂化的時代，他們的明星標籤已經不再那麼吃香。

出生就是明星，一出道就是明星，是光環，又何嘗不是枷鎖呢？而選秀節目，使他們有機會卸下這樣的光環與枷鎖，使他們有了和觀眾融合在一起的機會，所以在選秀 2.0 時代，明星才是主體。

選秀 3.0 時代：直播 + 娛樂 + 互動 + 二次元虛擬歌手

在選秀 3.0 時代，明星和草根選秀者都不再是主體，觀眾才是主要參與者。參與感才是最重要的，下面來看一則新聞。

全民選秀風口到來《一唱成名》躋身最強 IP

2015 年 12 月 19 日晚，《一唱成名》完美收官，90 後女生丁芙妮成為首名純網選秀冠軍。從 10 月 12 日海選開始至今，這檔節目足足進行了兩個月，吸引到 3 萬多名網友報名參與，截至四場決賽開始前，整個節目點擊量已突破 1 億次。驚人的點擊量和可觀的市場效益，讓行業人士看到了網路綜藝節目製作的規模和投資的更多可能性，同時，《一唱成名》也成為網路綜藝音樂節目當之無愧的最強 IP。

立足網路自制拐點打響網路直播第一槍

眾所周知，直播最能彰顯現場表演（LIVE）的獨特魅力，在專業影視製作領域，直播是錄播類節目無法超越的原生形態，而這也恰恰是最能代表互聯網節目屬性和特性的。互聯網媒體做自制如何跨越直播這一分水嶺，成為網路自制發展道路上的重要拐點。

作為互聯網行業首款純網選秀節目，《一唱成名》打開了一扇對於網路綜藝節目來說最難，但也是最關鍵的節目製作大門——直播。而站在這扇門後面的開門人，正是來自於傳統音樂行業的知名音樂演出公司風華秋實。PPTV 聚力攜手鞏華秋實，勇敢地完成這一挑戰，頗具實力的製作水準使它成為中國互聯網首檔真正意義上的直播節目，而這也是互聯網媒體試水電視直播的第一槍。《一唱成名》的成功為網路綜藝自制提供了一個新的方向和可能，正式翻開了網路綜藝節目的新篇章。

踩中族群文化痛點開啟全民互動巔峰局面

除了形式所表現出的領先性、創新性，《一唱成名》將 PPTV 聚力的互聯網基因運用得淋漓盡致。從海選階段起，節目就撒下了一張最具廣泛意義的大網，從多個維度和細節緊緊抓住網民的眼球。首先，在海選方面，《一唱成名》真正意義上實現了零門檻的全民搜星定位，從報名開始便打破傳統選秀的地域限制，採用選手在線上傳 24 秒歌唱短視頻即可報名參賽的方式，有效地利用了互聯網的開放性、便捷性，廣泛覆蓋互聯網用戶群。而將選手們分為「男神」、「女神」、「文青」、「辣媽」、「怪咖」、「大叔」六大族群『也更符合網路趣味、「萌」特徵的個性分區。這種差異化的設置直擊「網路族群」的痛點，不同用戶依照個人喜好在《一唱成名》裡找到自己的族群。

最具網路衝擊力和新鮮度的是，《一唱成名》全新引入虛擬歌手「零」。這個二次元的動漫形象被賦予了自己的故事和性格，帶有機械金屬質感的聲線和唱功更是圈粉利器。這位「異次元少女」不時進入直播中的真人秀現場進行踢館，使整個節目氣氛變得更具「非現實網路感」。它在無形中對觀眾和表演者產生了魔力般的「加持」，使得整個節目的人群彷彿同置於一個「虛擬社群」，這種形態與「網路族群」一樣，都是網路文化的重要特徵之一。一時間，虛擬偶像引發的網路互動熱潮，以及帶來的影響力絲毫不低於一個現實中的大明星。

顛覆傳統選秀威權將話語權交歸草根大眾

《一唱成名》另一突出特點，在於它實現了傳統電視選秀節目不可能實現的深度互動：完全依靠網友的支持和喜好來決定選手的命運。評審和明星的光環被弱化，明星以護航嘉賓的身份參與進來，給出專業點評或意見，但絲毫不能左右選手的去留。從海選到淘汰賽，踢館 PK 到拉票助陣，選手的每一步晉級都與網友的支持息息相關，全程公開、開放、透明地進行，真正做到了無地域、無時差、無評審，一直被權威壟斷的話語權重新回歸到草根大眾手中。某種程度上而言，《一唱成名》堪稱互聯網受眾市場的「試金石」，它深度顯現了當下網友的深層特性。

當下網路用戶的結構和特效，深刻影響了《一唱成名》的進行。

在《一唱成名》的舞臺上，選手演唱水平似乎並非是他們晉級的最關鍵因素，選手的個性與其他外在特點（如顏值、態度）決定了他們能夠走多遠。六大族群中，第一個集體出局的「辣媽組」、第二個出局的「大叔組」都可以稱為是網友意志的顯現。

響應真人秀本質帶動網友一起玩

近兩年，網友參與線上、線下的娛樂節目都有一個重要的趨勢特點，即讓網友與主創方或作品本身一起「玩起來」。從節目設置來看，《一唱成名》正是緊抓網友「玩起來」的精神需求，更接近「真人秀」節目的本質。

《一唱成名》是選秀 3.0 時代的代表，這則新聞的關鍵是：直播 + 娛樂 + 互動 + 二次元虛擬歌手 + 網友參與，能夠和網友產生互動，使網友主動參與其中，才是選秀 3.0 時代最機智的玩法。

泛娛樂化是歷史的大潮，任何想要和它抗衡的力量都只會被它吞沒，我們能做到的就是瞭解它、觀察它、順應它，並借助它的力量，乘風破浪，創造自己的航程。

第 9 章娛樂 + 網紅：這是個內容創業者的春天

9.1 不管你是誰，有趣就能紅

摘要：

網紅經濟因其產業特點，在粉絲轉化率上有明顯的優勢。在移動互聯網逐漸成熟、移動終端廣泛普及的今天，訊息傳播速度和效率都有了極大提高，大眾在消費方面也變得更加理性。在這種大環境下，想要維持高粉絲轉化率，就需要不斷地創造新鮮優質的內容，這對於網紅們來說是一個巨大的挑戰。

如果你想要取得一個群體的認同和支持，首先要明白所有生物都傾向於跟自己基因相似的同類在一起，因此當我們看到和自己有相似基因的人時，就會自發組成群體，而這個群體遭到來自外部的威脅時，會變得更加團結。

論個人 IP 的誕生

papi 醬憑藉幾十段、平均每段不到三分鐘的短視頻，紅遍了中國互聯網。

papi 醬在走紅的同時，還順帶著捧紅了一些短視頻平臺，為什麼這些平臺是被 papi 醬捧紅的呢？因為 papi 醬本身就是一個優質 IP，對於短視頻平臺來說，這樣的優質 IP 數量很少，一旦出現了就會被多個平臺共同使用。

papi 醬是一位網紅，同時她也是一位有著自己夢想的幸運兒。雖然在很多人看來，papi 醬的走紅似乎主要靠運氣，因為她的視頻看上去非常簡單，但其實她在走紅的過程中，有太多不為人知的付出以及專業背景在做支撐，並不是說僅靠不錯的長相、隨意地吐槽就能夠走紅。

網紅經濟是近兩年才興起的一種新興產業，同互聯網金融以及互聯網租車一樣，這種新出現的產業在發展初期會遇到很多問題。目前限制網紅經濟發展的最大問題就是：如何在保持持續增長的同時進行規模化擴張。

網紅經濟因其產業特點，在粉絲轉化率上有著明顯的優勢。在移動互聯網逐漸成熟，移動終端廣泛普及的今天，訊息傳播速度和效率都有了極大提高，大眾在消費方面也變得更加理性。在這種大環境下，想要維持高粉絲轉化率，想要持續吸引 80 後、90 後這些消費主力的關注，就需要不斷地創造新鮮優質的內容，才能夠持續得到較高的收益，這對於網紅們來說是一個巨大的挑戰。

現象級網紅：papi 醬橫空出世

2016 年年初，一個現象級事件的誕生使得「網紅經濟」一詞一夜爆紅。

從 2015 年 10 月開始，一個網名為「papi 醬」的女孩陸續在微博、微信等平臺上發佈了一系列原創搞笑短視頻，僅僅半年時間就獲得了 600 萬關注者。截至 2016 年 4 月，papi 醬的微博粉絲數已經接近 1300 萬。

2016 年 3 月，加冕「2016 中國第一網紅」的 papi 醬獲得了真格基金、邏輯思維、光源資本和星圖資本共計 1200 萬元人民幣的融資，並獲得億元級別的高額估值。

2016 年 4 月 21 日，papi 醬首條貼片廣告以 2200 萬元的高價被麗人麗妝公司拍得。

2016 年 4 月 25 日，papi 醬的內容品牌 papitube 開始公開招聘。

papi 醬，一個 80 後中央戲劇學院導演系畢業生，僅用幾個月的時間就成為炙手可熱的網紅，2016 年 3 月獲得 1200 萬元的融資後，更讓她成為網路上最熱門的話題之一，那麼，papi 醬是如何靠短視頻火爆起來的呢？

說 papi 醬是突然成名的其實並不準確。因為兩年前她已經在一個社區網站頗具人氣，但是畢竟社區網站的傳播力和影響力無法與微博相比，所以知道的人較少。

一直被模仿，極難被覆制

隨著 papi 醬的迅速走紅，現在已經有不少模仿她的人出現，先是出現了德國版的 papi 醬，然後又出來韓國版的 papi 醬。papi 醬的成功看似不複雜，僅依靠短視頻 UGC 躥紅，但事實上並沒有看上去那麼簡單。

有人吐槽她的表演看上去很隨意，內容也是一些緊貼生活的事情，視頻製作水平低，拍攝場景簡陋，沒有專業的攝影機。我們可以想像一下，如果 papi 醬一本正經地在一個佈置豪華的場景裡對著專業鏡頭髮表自己的人生哲理，你還會看嗎？

作為一個能夠融資 1200 萬元的網紅，想要解決上面所吐槽的問題並不是難事，但這就同她的表演風格不相符了。因為 papi 醬走的就是家常化的表演方式。

新媒體讓傳播者可以直接與大眾進行個性化交流，papi 醬希望透過家常化的表演方式讓大眾產生代人感。當大眾看到 papi 醬隨意的表演方式，普通的拍攝背景，會覺得她的生活與自己的生活十分相似，從而感覺 papi 醬其實就在自己身邊。

同時 papi 醬知道如何運用自己的才華，知道如何處理創作人物和自身之間的關係，所以從她的很多視頻裡我們都能發現，她所表達的觀點並不是自己的觀點。也就是說，她是以第三方的視角在創作，而不是網路上流行的從自身的觀點出發進行創作。

家常化的表演方式讓她的視頻看起來略顯粗糙，但仔細研究就會發現，她的每一部作品都很完整。

papi 醬的成名看上去是偶然現象，其實是非常難複製的。超強的幽默感、語言的天賦、強烈的表演慾望、靈活的表演技巧、符合大眾心理的劇本，這些因素對於她的成功缺一不可。

高顏值已經不再是大眾關注的重點，大眾普遍喜歡的形象是這樣的（如圖 9-1 所示）。

穿著普通，讓大眾沒有距離感，可以顯得窮一些但不要寒酸。

長相略微出眾，不要太出眾。

氣質容易讓人親近，雖然有人喜歡高冷型氣質，但畢竟是少數。

幽默感十足，需要時語速可以很快，言辭既能夠咄咄逼人也可以撒嬌任性。有表演慾望，面對鏡頭不怯場，優秀的語言表達能力。

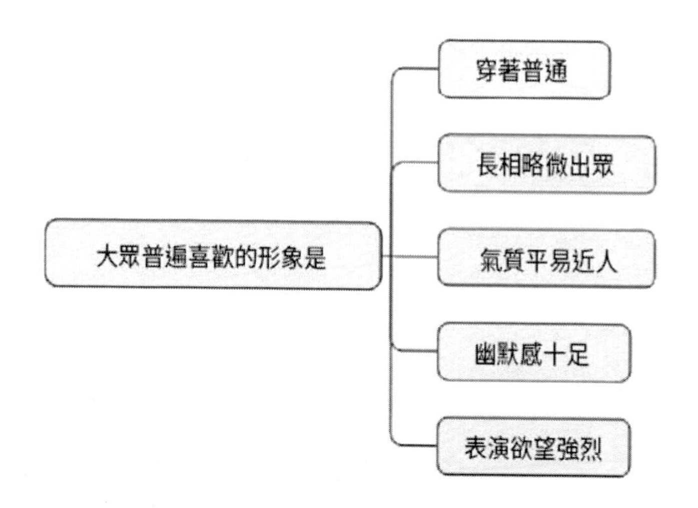

圖 9-1 大眾普遍喜歡的形象

而 papi 醬的形象完全符合以上要求，所以 papi 醬能夠走紅是必然。即使她不在網路上走紅，也會在其他領域大顯身手。

超級 IP 明星：王思聰

一本互聯網雜誌發佈了「2015 中國網紅排行榜」，排在第一位的是萬達集團董事長王健林的兒子王思聰，papi 醬排在第二位。

一個「富二代」竟然成為中國網紅第一名，這本身就值得玩味。因為他和其他的網紅實在是太不一樣了。

王思聰和眾多「富二代」一樣，從小就出國留學，先後在新加坡和英國學習。回國之後王健林雖然讓他成為萬達董事，但他並沒有負責任何具體事務，之後王健林給了王思聰 5 億資金，讓他自己去做投資。

在創立自己的投資公司之後，王思聰在商業上的能力很快得到了展示。

現在中國大小投資公司數不勝數，能繼出一家公司 IPO 就算是有所成就，而王思聰先後投出 5 家。

雖然這和他的人際關係不無關係，但同樣證明他是一位優秀的企業家。可是大眾對王思聰的印象更多的是網紅、「富二代」，而不是企業家，這也是王思聰刻意為自己打造的形象。

王思聰走紅秘訣：非典型企業家

我們可以將中國的企業家按照公眾形象分為三大類（如圖 9-2 所示）。

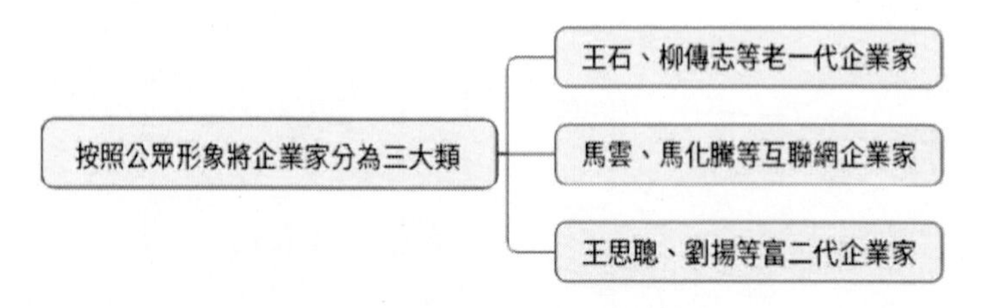

圖 9-2 按照公眾形象將企業家分為三大類

第一類是以萬科的王石和聯想的柳傳志為代表的老一代企業家。

第二類是以阿里巴巴的馬雲和騰訊的馬化騰為代表的新時代互聯網企業家。

第三類就是以萬達的王思聰和訊息網的劉暢為代表的富二代企業家。王石和柳傳志作為老一代企業家的代表，公眾形象主要是以自己的經營智慧和家國情懷為主軸。這一代企業家更多的是在講述自己多年從商的經驗。而馬雲和馬化騰作為新時代互聯網企業家，在公眾面前展示得更多的是自己的大局觀以及戰略思考能力。

這兩代企業家的共同點就是給大家帶來值得尊敬的形象。在他們那個時代，訊息流傳的途徑大多由專業的主流媒體掌握，具有可控性。而到如今的新媒體時代，這種情況就發生了變化。

老一代企業家做事較為低調，將「不犯錯」作為自己的處事原則。因為他們面對的對象較為理性（包括政府部門、商業夥伴、專業新聞媒體）。而現在，互聯網和移動互聯網的成熟，讓大眾更容易瞭解訊息，新媒體的出現使得企業家等公眾人物需要直接面對普通大眾，而新生代的消費主力 80 後、90 後對於老一代企業家的形象並不認可。

現在企業想要躲開公眾評價已經是不可能的了，所以無論從事什麼行業，無論是否直接面對消費者，如何將自己的形象從「值得尊敬」向「容易親近」轉變都十分重要。

王思聰作為富二代企業家非常明白這一點，如果使用上一代老企業家的思想，向大眾表達「自己非常努力」和「自己非常勤奮」很難獲得大眾的認可和關注，也有可能不符合他自己的性格，所以王思聰選擇了「容易親近」的形象，消除自己同普通大眾的距離感。

「可靠」的網紅

自王思聰出現在公眾視野以來，一直備受關注，其一舉一動都會被娛樂媒體報導。而他自己也有較多的話題，比如，曾經炮轟過多位名人，也吐槽過諸多影視劇。

但是他的炮轟和吐槽，從來沒有給萬達招來過麻煩。實際上王思聰對於萬達，只有正面加分而沒有負面影響，這是為什麼呢？

如果我們將王思聰視為一個混跡娛樂圈的人，那麼他是非常失敗的，四處樹敵，基本上大半個娛樂圈的人他都得罪了。

但是如果我們將王思聰視為一個企業家，結果就是相反的。作為企業家，王思聰做事情非常有分寸。他雖然喜歡評價熱點事件，但是為了避免給王健林和萬達帶來公眾形象及政治方面的風險，對於時政方面的事他從不發表意見。

在對萬達品牌的打造上，王思聰第一網紅的身份更多的是起了幫助的作用。

為什麼王思聰可以成為網紅：史上最接地氣的富二代

王思聰作為中國最有名的富二代之一，他有很多和普通人一樣的習慣，這也是他的特別之處。

提起富二代，大多數人心中的形象就是揮金如土、所有生活習慣和愛好都和高消費掛鉤，普通人很難接觸到他們生活的圈子。所以我們雖然知道很多富二代，但他們只存在於網路和新聞中，距離我們的現實生活非常遙遠。

而王思聰則是富二代裡的特例。他的生活方式、興趣愛好似乎都和大眾相差無幾，他的看法意見、說話方式有時和我們一樣「三俗」，有些他經歷的事情我們甚至感同身受。

看起來很美，卻沒那麼簡單

有些人對於網紅的印象就是化妝、賣萌、講笑話，認為成為網紅，運氣成分較大，因為會這些的人太多了，但是只有極少的一部分人能走紅。其實這些只是我們看到的表面現象，無論是張大奕還是現在風頭正勁的 papi 醬，他們的躥紅都有更深層次的原因所在。

網紅看似是隨意的娛樂，實際上有專業的團隊在背後支持他們。雖然現在走紅的方式有很多種，但網紅之路吸引著無數懷揣明星夢的年輕男女，然而現實需要我們回歸冷靜，我們要知道自己的起點和立足點在哪裡。

並不是說別人做 UGC 短視頻火了，你去做就也能火，別人依靠直播遊戲吸引粉絲，你去直播平臺當主播就也能吸粉絲。沒有精心的準備和深厚的功底，只會是東施效顰的效果。

不管你是誰，有趣就能紅

咪蒙、papi 醬、同道大叔是有代表性的三個網紅，無論從粉絲數量上，還是從發佈訊息的閱讀量和轉髮量上看，都非常驚人，一條訊息的閱讀量超 10 萬對於他們來說是很平常的事情。

這三個人走紅的背景使無數媒體人評論說：「現在自媒體創業已經是紅海，沒有太多可能性了。」

網上也有不少關於網紅走紅的評論，不過內容大都沒有什麼新意，無非是走紅了的網紅們肯下功夫、足夠出眾等。雖然不能說這些評論是錯誤的，但是都比較表象化。

比如，章澤天走紅網路，有人評論說是因為她長得漂亮。這個理由明顯有些牽強。雖然她的走紅和長得漂亮不無關係，但是比她漂亮的人大有人在，其中不乏喜歡自拍並上傳網路的人，對於這些人來說，她們沒有走紅是因為缺少一個機會，當機會來臨時，把握住了，這些人一樣能夠走紅。

所以一個人走紅離不開機會。現在我們就用具體的數據來分析讓這些人走紅的機會是什麼。

依託龐大的 80 後、90 後人群

透過尋找咪蒙、papi 醬、同道大叔這三位網紅的共同點，不難發現，他們談論的話題都涉及娛樂八卦，而娛樂八卦能夠幫助他們走紅是有原因的。

根據微信、今日頭條等眾多移動互聯網平臺的大數據顯示：娛樂八卦是最受 90 後群體關注的內容。

根據中國 2015 年的人口普查數據顯示，中國的 90 後大概在兩億左右。而淘寶的大數據顯示，90 後雖然消費能力不強，但是從人數上來看，已經成為消費主力。而這兩億左右的 90 後同樣也是網路主力軍。所以說，網路上哪些東西能走紅，哪些東西不能走紅，都是由 90 後的喜好決定的。

創新才能走紅

有了龐大的「群眾基礎」，是不是做自媒體並談論娛樂八卦就能走紅？答案是否定的。意識到娛樂八卦重要性的大有人在，現在做自媒體的也非常多，但是走紅的卻非常少，為什麼呢？因為他們缺乏創意，而 papi 醬、同道大叔和咪蒙在表現形式上作了創新。

papi 醬是依靠吐槽短視頻走紅的，如果她不以短視頻的形式去表達，而是天天寫文章吐槽，那麼她很難走紅。因為現在將娛樂八卦作為主題進行吐槽的自媒體實在太多了，內容翻來覆去都是那些。papi 醬意識到了這一點，所以透過獨特的短視頻方式將內容表達出來，將文字換成了視頻，這就是一種表現形式上的創新。

我們再來看同道大叔，他寫的內容主要是關於星座的。其實關於星座的文章在網上有很多。而同道大叔的聰明之處在於他將其他人用文字表達的內容，經過加工以漫畫的形式表達了出來。細心看同道大叔發佈的內容就會發現，其中有很多來源於網路，內容並沒有什麼新意，創新的就是表現的形式。比如，同道大叔的《女生胸太大是什麼樣的一種體驗？》這個漫畫作品，其文字內容很早就在網路上火起來了，同道大叔做的就是將文字內容改編成了漫畫。

最後我們來看咪蒙，咪蒙是透過文字形式將內容表達出來，但是依然火了，這是為什麼呢？因為她的很多觀點都比較獨特，顛覆了一些傳統觀念。比如，中國一直有男孩要窮養女孩要富養的說法，咪蒙的觀點就與此相悖，她寫了一篇《男孩要窮養？你跟孩子多大仇啊》的文章引起熱議，類似與傳統觀點相悖的文章她還有很多。

「男孩窮養女孩富養」這個觀念非常流行。在中國，從眾心理非常嚴重，很多人習慣追隨大眾，缺少獨立思考。當有人提出男孩要窮養女孩要富養這個觀點時，聽的人很可能不加思考就將之轉述給了其他人，慢慢地這種觀點成為主流觀點，但究竟是否正確，沒有多少人會去思考。

為什麼大部分人都不去反駁呢？因為如果不贊同一個觀點，想要反駁這個觀點就需要自己去思考，自己去尋找反駁的論據，然後再去說服他人。與反駁相比附和就顯得簡單得多了。

這時一個不斷反駁傳統觀念的人出現了，於是大家立刻被她吸引，然後附和她，這個人就是咪蒙。咪蒙知道什麼內容能吸引大眾的注意力，所以就選擇這種內容加以傳播，而選擇的內容就是咪蒙的創新之處。雖然在咪蒙之前也有不走尋常路的人，但是他們並沒找到大眾真正的關注點，所以沒有像咪蒙一樣走紅。反過來想，如果在咪蒙之前已經有人用這種方式成為網紅，那麼咪蒙再想依靠這種方式走紅就比較困難，因為她的做法已經不是創新了。

走紅還需要擅長的一種技能

有了龐大的潛在用戶群體，找到了創新的方法其實還不夠，還缺少擅長的一種技能。比如同道大叔，他所擅長的技能就是將文字內容改編為漫畫的形式，這不是隨便誰都能做到的。如果你沒有這樣的技能，即使有了將文字改編為漫畫的想法也沒有用。papi 醬則是具有非常好的語言天賦和表演功底，沒有這種功底，將寫好的稿子擺在你面前你也無法將其展現出來。而咪蒙擁有的就是寫作的技能，沒有熟練的寫作技能，有了吸引大眾的觀點也無法很好地表達出來，大眾自然也不會關注你。所以說走紅還需要擅長一種技能。

以微博紅人大咕咕咕雞 _25 為例，他在新浪微博有 266 萬粉絲，在百度上搜索大咕咕咕雞你能看到這些內容（如圖 9-3 所示）。

圖 9-3 百度搜索大咕咕咕雞出現的內容

搜出來的內容主要有是「紅」「語感」「風格」及「如何寫出他那樣的句子」。

可見，大咕咕咕雞的特別之處就在於他的語感，這是一種超越大多數人的寫作技能。

以他的代表作《武漢某幸福中產家庭裡一個狗的波瀾壯闊大計劃》為例，可以看出他特殊的語感、非凡的文化素養和極佳的幽默感。

武漢某幸福中產家庭裡一個狗的波瀾壯闊大計劃

大咕咕咕雞 _25

中午。

一個狗把男主人叫到客廳。

「你來。」它說。

「請坐到沙發上。我有重要的事情和你說。」

「我要走了。」一個狗說。站在男主人左側，雙前手叉腰。

「出遠門，去尋找自己。」

「我必須走了！」它說，「我想了好久，必須走了。」

「我腿短。」

「必須出門，去尋找自我，進行靈魂認知的旅程。」

「不，不能再等了。」一個狗說。走過來站在男主人右側，前手們交叉抱胸前。

「普通一個狗的壽命只有十來年。」

「我已經五歲。不再年輕。」

「我的身體在走下坡路。我能感覺到。」

「要對自己負責！這是我最寶貴的年華。」

「青年一個狗的路在何方？」

「上帝派我來這個世上，我的使命是什麼？」一個狗激動，前手們激烈比劃。

「我要出去，我必須出去！去尋找靈魂！尋找自我！」

「解構，打亂，重組。」

「尋找！尋找！尋找！」

「找到真正的我！」一個狗繼續激動。

接著，一個狗走到陽臺，跳進單缸洗衣機裡，雙前手機著內缸上沿，只把眼睛露出來，又開始說。有一種嗡嗡的回聲。

「很多時候我不知道自己是誰。」

「躺在床上，觸摸不到自己的靈魂。常常整晚流淚。」眼眶濕潤。「我究竟是誰？」捧心。

「一個狗的生活必須是文藝的！」

「精緻，詩意。」

「像一個水晶罐子，充滿萬物的靈。」

「愛自己。玩命愛自己。」

「讓世界陌生化！」

「保持敬畏。」

「我應該這樣。而不是每天混吃等死，迷失在物質。」

抹一下眼角。

「幸福是一桿熱槍，媽媽。是的，它是的。」

「你看旁邊屋子裡那頭狗熊！」一個狗提高音量，從洗衣機裡探頭說。

「假裝冬眠，半夜爬出來翻騰冰箱，偷東西吃。」

「恥辱！」一個狗再次提高音量。

「還有那隻貓頭鷹！」一個狗指著冰箱上的貓頭鷹說，使用右前手。「這麼多年就一直在那裡站著，和咕咕鐘有什麼區別？」

「有什麼區別？！」

「我絕不會過這種低級的生活！」

「如果那樣我情願死！」

「不死也要抽自己至死。」

吧唧了一下嘴。從洗衣機裡跳出來，湊到男主人臉跟前，摟肩膀嚴肅地說：「你必須給我 5000 元。」

停頓。

「這是毫無疑問的。」

再次停頓。

「這 5000 元不是說我要享受，不是的。」一個狗嚴肅地說。「我絕不是要享受！絕不會去買好吃的：鴨脖子、醬肉、火腿腸、驢肉火燒。也不會去喝啤酒，更不會去洗桑拿、做足底按摩。不會的，絕不會！」

「這 5000 元只是讓自己安心一點。」

「萬一，我是說萬一。如果我有什麼不測，病倒在他鄉，或者掉井裡，有人可能會送我回家。這是一個保證。」

「將會且必將是一次純粹的心靈之旅，絕不會摻雜物質紛擾。」

神色莊重。

「我腿短。做出這樣的決定是多麼不易。這需要何等堅強的毅力，偉大精神，所以你必須給我 5000 元。」

「而且我腿短。」一個狗補充。再次強調。雙前手在胸前外翻，做了個獻寶的動作，手心向上。

「你放心，這 5000 元我會放在緊貼肚皮的地方。」一個狗小聲說，「因為我腿短，而且肚皮有些下垂，與地面的距離極近，所以是絕不會被人發現的。除非他們把我翻過來。」

「人們不會輕易把一個狗翻過來，這極不禮貌。所以錢放在這個位置是很安全的。」一個狗娓娓道來。

最後的關鍵時刻了。一個狗爬上沙發靠背，扶牆移動至左側邊緣，「噌」一下跳到冰箱頂上。轉身，猛然發力，「嗷」地叫一聲，靠後腿直立起來，與貓頭鷹並排，激動地開始說：

「我是尤利西斯！」

「我是摩西！」

「我是吉慶街邊的俄狄浦斯！」

「我是東湖岸邊的達摩！」

「我是二人轉臺上的 Jim Morrison ！」

高速率揮舞雙前手。

「我見到過地獄與天堂的婚禮，戰艦在獵戶座肩旁熊熊燃燒！」

「我注視萬丈光芒在天國之門的黑暗裡閃耀！看時間枯萎。」「我駕著瘋狂通往智慧的聖殿！」

「在我面前的是一條荊棘路！」

「我放棄舒適安逸的生活，去進行靈魂之旅！」

「去醉日逐舟！」

「去叩開感知的大門！」

「去參加電子葬禮！」

「與眾神裸體午餐！」

「這是多麼的偉大！」

揮舞。眼神焦點放無限遠。迷離。

「一個狗！偉大！偉大！」

「生活！偉大！偉大！」

「文藝！偉大！偉大！」

「你必須給我 5000 元！」

聲嘶力竭。

「你必須給我 5000 元！」

舔一下嘴唇。

「到南方去！到南方去！到雲的南方。」

「尋找！尋找！尋找！尋找自己！」

停頓。

「尋找自己！」

停頓。

「尋找自己！」

身體劇烈起伏，盯著男主人。右後腿撐冰箱頂部。成四十五度角。

男主人說：好你去吧！不過我只能給你 20 塊錢。

沒有抬頭。

第二天中午就回來了，還帶了一頭驢。進門喊：我要吃肉！

文章裡出現的詞句有些我們是耳熟能詳，當看到一隻狗說出來時就會會心的一笑。比如，「尋找自我，進行靈魂認知的旅程」、「解構，打亂，重組」、「躺在床上，觸摸不到自已的靈魂。常常整晚流淚」等，真是對文藝青年最好的嘲諷。

而有些話語則體現了大咕咕咕雞的文化素養，比如：

「我是尤利西斯！」

「我是摩西！」

「我是吉慶街邊的俄狄浦斯！」

「我是東湖岸邊的達摩！」

「我是二人轉臺上的 Jim Morrison ！」

「我見到過地獄與天堂的婚禮，戰艦在獵戶座肩旁熊熊燃燒！」

「我注視萬丈光芒在天國之門的黑暗裡閃耀！看時間枯萎。」

這些都是需要一定素養才能明白的話語，它的嘲諷方式因為有文化而顯得更加特別和有趣。

雖然說「不管你是誰，有趣就能紅」，但是從大咕咕咕雞身上我們可以瞭解到：有趣也是非常難、非常需要功底的。

有趣的背後，是建立群體認同感

為什麼有的人天生就能成為網紅呢？為什麼偏偏是他們具有強大的影響力？

原因就是，他們能額外建立一種「群體認同感」。能夠激發別人的認同，是成為網紅的關鍵。

群體認同感是絕大多數人希望獲得的，但是獲得群體認同感、獲得支持的人只是少數，大部分人都無法獲得。

我們看到的很多文案、策劃及品牌設計，總是說著一些不觸及實質也切不中要害的話，每天用同樣的方式不斷地重複，這樣做是無法獲得一個群體的認同和支持的。

那麼怎麼做才能夠獲得一個群體的認同感呢？

我們想要獲得群體認同感，首先要明白：為什麼我們需要獲得群體認同感？

人類的本性是趨向群體

生物的所有行為歸根結底就是為了將自己的基因延續下去。

腰臀比例適中的女性更容易得到男性的青睞，因為這樣的女性健康、生育力較強，可以很好地將男性的基因延續下去。

但這個觀點似乎無法解釋在群體當中一些個體的行為。比如，當蜂巢遭到入侵時，工蜂會向入侵者射出自己的毒刺，隨後就會喪命。

類似這樣的個體為了保護群體的利益而奉獻的例子還有很多，這些例子似乎推翻了我們之前的理論——生物的所有行為歸根結底是為了將自己的基因延續下去。

但是實際情況並不是如此，個體為了群體而選擇奉獻的行為，從本質上來說同樣也是為了讓自己的基因得以延續。

工蜂雖然為了保衛蜂巢奉獻了自己的生命，但是生活在同一個蜂巢中的蜜蜂，有著和自己相似的基因，自己的奉獻是為了保證更多的同類存活下來，這樣基因也就得以延續。

這種生物的本能讓我們具有這樣的一個特點：當我們遇到某種威脅的時候，我們會和那些與自己有相似基因的人團結在一起，形成一個群體，然後共同去對抗威脅。

所以，想要獲得群體認同感，得到群體的支持，就需要做到以下三點（如圖 9-4 所示）。

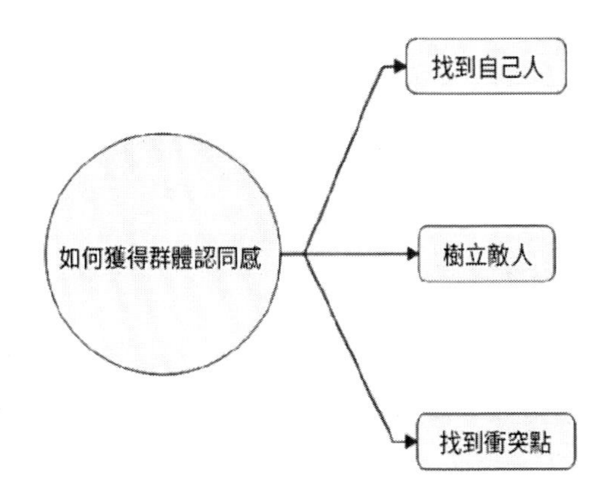

圖 9-4 如何獲得群體認同感

①找到自己人

人們總是對和自己有共同點的人更有好感，因為這意味著兩人之間有可能有較為相似的基因。

比如，兩個陌生人聊天，結果發現兩人是同一個地方的，這時兩人對對方的好感立刻會增加不少。來自同一地方就是兩者的共同點。

地鐵上一個陌生人在看自己非常喜歡的一部電視劇，也會立刻產生好感。有相同的愛好就是兩者的共同點。

所以想要獲得群體認同感，首先要根據共同點來劃分出不同的群體。當你想要獲得某一群體的支持時，首先要找到自己與他們的共同點，讓群體成員下意識地將你劃為他們群體中的一員。

比如，喬布斯帶領團隊成員研發蘋果電腦的時候，口號就是「讓我們做海盜吧！」

②樹立敵人

找到自己人之後，就需要樹立一個共同的敵人，讓自己所在的群體感受到威脅或者壓力，這樣群體內部才能夠更加團結，更加支持你。

因為當有了外部的威脅或者壓力時，群體的成員會強化自已的群體意識。

所以，想要獲得粉絲們的支持，就要去找一個共同的敵人。

例如，2016 年最火的自媒體作家咪蒙，她寫的《致賤人》在互聯網上瘋狂傳播，成為現象級文章，引起廣泛的討論，有贊同的，有反對的。

贊同的人是因為認可身邊確實有很多這樣的人，於是這些文章激起了大家同仇敵愾的心理。

反對的人，往往就是反對這種樹立敵人的做法。

正是因為樹立了共同的敵人，才讓群體的團結有了意義，提高了群體的凝聚力。而樹立群體敵人一般是透過口號或者文章進行的，如果沒有了共同的敵人，那麼口號和文章就沒有什麼意義了。

比如，一個群體的口號是「享受生活」，事實上沒有人會從這句口號中得到動力。如果將口號改為「難道有人不想享受生活？」，這個口號就樹立了一個敵人：就是不想享受生活的人，效果就會增強很多。

很多大品牌在建立初期使用的口號，也為自己和消費者樹立了一個共同的敵人。

比如，百度最早的口號是：百度，更懂中文。敵人就是「不懂中文的谷歌」。

比如，騰訊新聞的口號是「事實派」，反對的是虛假新聞。

口號建立的那一刻，敵人也就出現了。

實際上能夠成為網紅的人，也是帶領粉絲去對抗世界的人。反抗原有的理唸錯誤，反抗社會帶來的不良壓力，反抗大多數人的普遍做法等。

③找到衝突點

僅是樹立了共同的敵人還不夠，你還需要為群體成員找到一個鬥爭的理由——我們共同的敵人有不正確的地方，所以我們應該與敵人進行鬥爭。

比如，咪蒙就揭露了一個很普遍的現象：身邊的「伸手黨」太多，要求我們無條件幫助對方，不給予任何回報，如果你拒絕他，還會遭受斥責。

幾乎每個人都遇到過這種情況，所以咪蒙所揭露的這種衝突，真是說到他們心坎裡去了，所以引發了瘋狂的轉發。

咪蒙另一篇寫甲方的文章，也是這個道理。只要你的工作有涉及甲方的地方，那麼你一定至少碰到過一個讓你難以忍受的甲方，所以這篇文章就火了。

裡面提到的「不懂尊重別人」「不尊重別人的專業」「提出各種奇葩要求」等，都引起了遭遇到「甲方」荼毒的人們的共鳴。這就是強烈地給你看到衝突所在。

比如，2014 年，一篇名為《少年不可欺》的文章引爆朋友圈和網路，作者得到了億萬網友的支持。在這篇文章中，作者說出了衝突點：欺騙他，並且抄襲了他的作品。

當自己人確定，敵人被樹立，衝突點被指出時，網紅再號召一下，很容易就能取得一呼百應的效果。

當有人透過寫文章的方式跳出來反對這一切，大眾就會立刻找到發泄怒火的方法——將反對的文章進行轉發即可，非常簡單，所以大眾也願意為此展開行動。

因此，如果你想獲得一個群體的支持，支持的力度是 1，那麼你就需要做出 10 的舉動，10 倍於支持力度的行動。

最重要的：如果你想要取得一個群體的認同和支持，首先要明白所有生物都傾向於跟自己基因相似的同類在一起，因此當我們看到和自己有相似基因的人時，就會自發組成群體，而群體遭到外部的威脅時，會更加團結，然後一同進行反抗。

9.2 網紅經濟：你我本無緣，全靠我花錢

摘要：

當下，網紅經濟中快速變現的主流方式仍然是電商。在 2015 年的「雙 11」活動中，當天銷售額達到千萬元以上的網紅淘寶店有數十家之多。2015 年淘寶女裝類目下銷售額排在前 10 位的店鋪，有 6 家是網紅開的。

如今，網紅經濟的規模正在不斷擴大，而且隨著資本不斷進入，預計在未來幾年，這個行業還會持續性地快速增長。

網紅 + 淘寶：最流行的變現方式

「網紅」一詞自出現以來就爭議不斷，大眾對其態度也是褒貶不一。但是我們無論是喜歡還是討厭，都不能否認網紅群體擁有強大的流量優勢。如今，網紅經濟已經形成了產業鏈，對接了資本市場，引起了眾多創業者以及投資公司的注意。

「網紅經濟」這個詞語是近幾年才出現的，但是「網紅」並不是新生事物，在中國已經有十多年的歷史。

中國的網紅發展歷程大致可以劃分為三個階段（如圖 9-5 所示）。第一階段：早期的互聯網因為受到硬件以及流量的限制，多數內容是以文字的形式出現，網路小說就在這種環境下悄然興起，而第一批在網路上走紅的人就是創作這些小說的網路寫手。

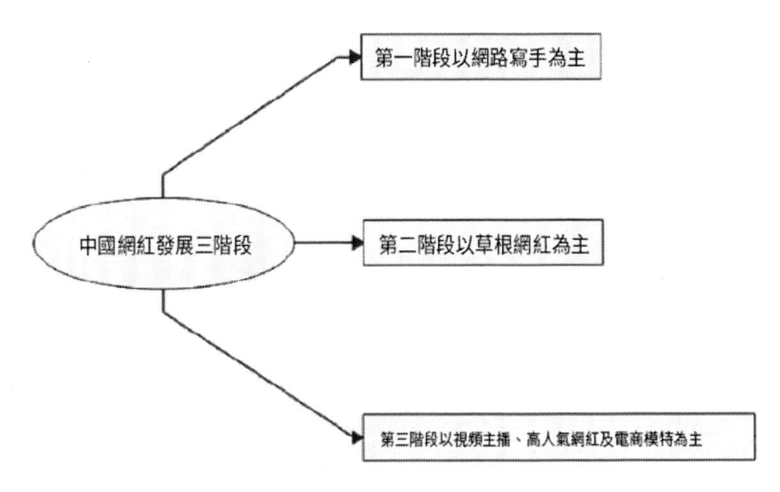

圖 9-5 中國網紅發展的三個階段

第二階段：此時的互聯網已經進人了圖文時代，這一時期的網路紅人多是依靠各種照片或者別具一格的言論走紅，大多屬於草根紅人。

第三階段：則是現在的高速互聯網時代，這一階段的網紅多以視頻主播、知名大 V、電商模特為主。

從第一階段發展到第三階段，網紅也從最早的單打獨鬥發展到了現在的團隊支持，逐漸形成了產業鏈，網紅經濟的規模也得到迅速擴展。

網紅＋電商：風光無限好

當下，網紅經濟快速變現的方式主要是電商。以淘寶平臺為例，現在網紅開淘寶店已經是一個很普遍的現象，而在 2015 年的「雙 11」活動中，當天銷售額達到千萬元以上的網紅淘寶店有數十家之多。除了「雙 11」活動，一些剛開淘寶店的網紅為了做宣傳，也會開展一些促銷活動，一天的銷售額同樣可以達到百萬元甚至千萬元。淘寶官方給出的數據也能顯示出網紅在淘寶平臺的火爆，2015 年淘寶女裝類目下銷售額排在前 10 位的店鋪，有 6 家是網紅開的。

與一般的淘寶賣家相比，網紅店鋪在消費者需求的把握上更為準確，同時，網紅店鋪獲取流量的成本較低，流量轉換率較高，所經營的產品盈利較高。而影響一家網紅店鋪的主要因素有以下 3 點：

粉絲行銷的成效。

對供應鏈的把控能力。

產品的上新率。

在網紅和電商深度交融的情況下，電商平臺對網紅經濟的發展造成了非常重要的作用。現在，已經有部分電商平臺嘗試引人網紅人駐平臺，比如，淘寶的淘女郎平臺。

近幾年，因為受到電商的衝擊以及產品同質化的影響，眾多服裝商家遇到前所未有的挑戰，甚至不少大品牌也被庫存積壓的問題困擾。而相當一部分網紅透過在淘寶上開時尚服裝店鋪實現價值變現，給服裝行業及眾多類似的傳統行業帶來了新的發展機遇。

對於現在的網路紅人來說，僅僅有龐大的粉絲群是不夠的，一家依託於粉絲群的高銷量淘寶店也是必須的。

淘寶店鋪為網紅們提供了強大的變現通路，所以現在已經成為網紅變現的首選平臺。

網紅開店：屢創奇蹟

網紅董小颯曾是一家直播平臺的網路主播，粉絲人數眾多，每一次線上直播的觀看人次都在百萬以上。2014 年 5 月他開了一家淘寶店鋪，依靠粉絲們的支持，僅用了一年多的時間，他的淘寶店鋪的信譽級別就達到了三個金皇冠，月收人也達到六位數以上。

張大奕也是網路知名紅人，她在微博上有 400 多萬粉絲。2014 年她憑藉自己網紅的身份進軍淘寶，在淘寶上開了一家名為「吾歡喜的衣櫥」女裝店，不到一年時間店鋪信譽就做到了四皇冠，並且在 2015 年「雙 11」活動中擠入淘寶女裝銷量 TOP 商家。從此每次她的店鋪有新產品上線，就能夠成為當天淘寶女裝類店鋪銷售額第一名。

張大奕很有個性，說話不怕得罪粉絲，不掩飾自己，讓粉絲感覺很真實。

2016 年 3 月 15 日，阿里巴巴主辦的「尋找最美淘 MEI. 國民校花大賽」決賽在杭州西溪的喜來登酒店舉行。張大奕以評審的身份出現在現場，她的出現立刻吸引了眾人的目光。

因為這次大賽的第一名將會獲得與一家網紅孵化器公司簽約的資格，張大奕就是被這家公司「孵化」出來的，也是最成功的代表之一。張大奕因此成為 2015 年網紅經濟學中最常被提起的人物。

在張大奕眼裡，一個人的美貌能夠對成為網紅造成加分作用，可以讓衣服展示更加有味道，但是美貌並不能直接和粉絲數量掛鉤。在她看來，美貌只能吸引一部分粉絲，但是並不牢靠，信任才是提高粉絲黏性的重點。

福布斯發佈的 2015 年中國名人排行榜，範冰冰以 1.28 億元的收入排在榜單首位，這樣的收入對於依靠淘寶平臺的網紅們來說，並不是遙不可及的。

有人做過相關統計，目前淘寶上的網紅店鋪已經超過了 1000 家，在這些網紅店鋪當中，有的甚至只開了兩個月就做到了 5 鑽的信譽，可以說是淘寶上的奇蹟。有的網紅店鋪上新產品的當天銷售額就可以破千萬元，與一些知名品牌相比也絲毫不遜色。

這些讓人瞠目結舌的淘寶店鋪背後，是網紅們在社交媒體上的粉絲的力量。網紅們的成長道路大都是這樣的：首先在社交媒體上以年輕美貌的時尚達人形象出現，以時尚達人的品位和眼光，進行選款和視覺推廣，在社交媒體上積累粉絲，當粉絲達到一定數量之後進行定向行銷，實現變現。

淘寶改變網紅命運

網紅小 Z 因為淘寶認識了自己的男友，最終兩人修成正果。小 Z 每天都要花費大量時間在社交媒體上和粉絲們互動，她要發佈新的照片和服飾樣衣，並根據粉絲們的反應，挑選其中最受歡迎的樣衣打版，投產之後在自己的淘寶店上架。小 Z 是一名大學畢業不久的 90 後小姑娘，現在已經管理著有 100 多人的服裝廠。

如何將自己年輕美貌這個資本更好地利用起來呢？透過淘寶店進行變現無疑是最好的辦法。

網紅們的生活因為淘寶而發生改變，粉絲們也同樣因此發生變化。在社交媒體和自己的偶像互動，在淘寶上選購產品，這已經成為很多粉絲日常生活的一部分。

一名粉絲在自己偶像的店鋪內購買了衣服，曬出了自己的照片，立刻就會收到其他粉絲的贊。還有一些粉絲不滿足於僅僅透過社交媒體與偶像互動，於是直接加人偶像的團隊，成為其中的一員，這些都是網紅讓粉絲們所發生的改變。

網紅經濟

淘寶上網紅經濟的崛起其實是必然的。網紅需要一個將自己人氣變現的方式，而淘寶平臺的開放，讓網紅們找到了這一方式。

淘寶上的網紅店主的身份有很多種，有廣告模特、平臺主播、電競明星等，這些人依靠自己粉絲的力量，商品銷量都排在行業前列。

相關數據顯示：網紅店主中女性比例較高，占 71%，其中 76% 為 18~29 歲的女性店主，這些店主集中在北京、上海等一線城市。

以張大奕的店鋪為例。她的店鋪只要上新產品，總是被瘋狂搶購，曾經一次上架 5000 件的新產品在短短兩秒鐘裡就被搶完，熱銷的情況就如同「雙 11」。而她所有的新產品通常都是在 3 天內就銷售一空。僅僅用 3 天時間就完成了很多線下實體店鋪一年才能完成的銷量，這種情況不得不讓人咂舌。

網紅們除了被淘寶店鋪的變現能力吸引，還被淘寶生態具有的無限可能性吸引。

在網紅經濟逐漸成熟的今天，淘寶平臺上已經出現了專業的網紅孵化公司。這些公司原本都是淘寶上比較成功的商家，與網紅合作，能夠將他們各自的優勢結合起來。網紅負責與粉絲互動，掌握第一手訊息，向粉絲推薦產品；而孵化公司則主要負責店鋪日常運營及供應鏈建設。雙方做的都是自己最擅長的事情，這樣才能夠做到最好。

這種網紅和孵化公司聯手的模式，除了能夠快速打造一個高質量店鋪外，還能吸引風投的注意力。

對於很多網紅來說，與粉絲互動以提高人氣和關注度是其擅長的，而對於經營店鋪卻並不擅長。網紅店鋪和普通店鋪是有區別的，網紅店鋪依託於粉絲群，所以流量並不是最重要的，最重要的是大數據。

有了大數據的支持，網紅們就可以快速準確地瞭解粉絲們的喜好，然後在社交媒體上進行精準行銷，優化自己的推廣投人，讓推廣行銷達到最高效率。

網紅 + 直播：給粉絲一個打賞你的理由

互聯網的發展速度以及覆蓋程度讓人驚嘆，在這種大環境下，網路紅人如同雨後春齊般湧現出來。從 2004 年依靠照片走紅的芙蓉姐姐，到如今依靠短視頻走紅的 papi 醬，各種各樣的「網紅」出現在大眾的視野裡，而以網紅為核心的產業鏈及商業模式也逐漸呈現出來，被稱為「網紅經濟」。粉絲群體人數眾多、擁有強大的號召力、超強的變現能力，這些都是「網紅經濟」的重要特點。將自己的名氣轉變為商業價值，一天的時間就能夠賺過去數月才能賺到的錢，這就是互聯網風口給網紅帶來的重要機遇。

如今，網紅經濟的規模正在不斷擴大，而且隨著資本不斷進入，預計在未來幾年，這個行業還會持續性地快速增長。

從目前網紅產業的發展模式來看，隨著產業規模的擴大和完善，網紅會因為影響力的不同而被劃分成多個層級，不同的層級有著不同的商業模式，而產業最終的結構將會是金字塔形狀。

網紅經濟的崛起帶動了一大批相關產業的發展，比如網紅電商、遊戲直播、視頻創作等，這些產業都因為網紅經濟的出現而得到快速發展。未來，還會有更多產業共同分享網紅經濟這個千億級的市場。

網紅＋直播：目前最流行

透過在網路直播平臺上進行視頻直播是很多網紅聚集人氣的主要方法。而伴隨著移動互聯網的快速發展，移動終端用戶迅速增加，移動視頻直播正在成為新的流量人口。

在 PC 端非常流行的直播平臺，使大眾養成了購買虛擬物品對主播打賞的習慣，而這同樣是網紅變現的一種方式。

移動直播的主要受眾是 80 後、90 後群體，這個群體追求個性化，所以想要在移動直播中吸引用戶，就要做到差異化，這樣才能夠得到用戶的關注。

主播小 C 的故事

小 C 是一名視頻主播，在她所進駐的直播平臺上有一定的知名度，目前擁有 8 萬多粉絲，是「網紅」大軍中的一員。

小 C 每次直播都會有數千粉絲在評論區為她刷贊，消息不停地在屏幕上滾動，有的粉絲還會購買虛擬禮物送給她。有一次，她僅僅直播了 3 個小時就收到了價值 20 多萬元的禮物，其中大部分來自於她的核心粉絲。

其實小 C 進入網紅圈的時間並不長，一年前她還只是一個公司的行政文員，每月拿著僅夠維持基本開銷的薪資。而現在她每月的收入可以達到六位數。

其實像小 C 這樣的主播在網路上有數十萬之多，他們每天直播的時間大都是三四個小時，而直播內容就是不停地與粉絲互動聊天，中間再插入唱歌或者跳舞等環節，直播的過程基本都是程式化的。

不同的是小 c 除了在平臺上直播外，還在公司的安排下做模特、拍廣告、參加線下活動、做代言等，公司有意讓她向影視界發展。這些讓小 C 和其他普通網紅拉開了距離，在網紅當中屬於佼佼者。

小C從一個普通公司文員發展到網紅中的佼佼者，這個過程只是如今「網紅」產業發展的一個縮影，像她這樣透過成為網紅改變命運的人還有很多，現在這種現像已經成為一種新的經濟形態，同時也證明了「網紅」市場所擁有的巨大潛力。

另外，大量視頻 APP 的出現，讓視頻製作越來越簡單，只要願意，每個人都可以使用自己的手機拍攝視頻，然後上傳到網路上。

主動打賞贊助

「雖然我可以做一個免費的粉絲，但是我希望透過付費的方式來表達我的讚賞。」

如果我們將實體化看成是粉絲經濟的一個側面，那麼打賞和贊助就是真正的粉絲經濟了。新浪微博及微信公眾號上的打賞功能是很多網路紅人的一種盈利方式。

現在網路直播平臺非常火爆，我們不時會聽到天價主播的新聞，年收入上千萬元已經不再稀奇。而這些直播平臺都是免費平臺，沒有哪個是要求必須付費才能觀看的，這時粉絲的打賞就成為主播收人的一個重要的來源。

電競網紅：當之無愧的主角

遊戲行業近幾年增長速度驚人。2015 年全球遊戲市場同上年相比增長 8%，所有遊戲平臺共產生收入 610 億美元。全世界最賺錢的遊戲——《英雄聯盟》，2015 年所帶來的收人高達 16 億美元。

中國的電競行業起步早，但是真正進人快速增長階段始於 2010 年，在 DNF（地下城與勇士）、CF（穿越火線）、LOL（英雄聯盟）等遊戲的推動下，電競產業規模迅速擴大。截至 2015 年，中國電競遊戲用戶總數達到 9800 萬人，該數據在 2016 年有望突破一億大關。如此龐大的用戶群體讓中國成為世界上最大的遊戲市場。

隨著電競行業的迅猛發展，遊戲直播、電競俱樂部等遊戲相關產業也迅速發展。而電競主播在網紅群體中是單獨的一類，有非常高的知名度及商業價值。

很多遊戲主播受益於電競產業的發展，擁有了超高人氣，之後便開始向多元化發展。多元化發展就需要宣傳推廣、商業合作以及創作優質內容，不少人從中看到了商機，於是為遊戲主播等網紅專門處理這些事務的經濟公司應運而生，這些經濟公司讓遊戲直播產業逐步走向商業化、專業化及系統化。

如何獲得打賞

目前觀看遊戲主播直播都是免費的，但是遊戲主播卻可以從中獲得數額巨大的打賞。而一些頗有影響力，並且經常分享某方面內容的公眾號卻很少能獲得打賞。

那麼遊戲主播是如何讓用戶在可以不付費的情況下，而選擇打賞付費的呢？（如圖 9-6 所示）。

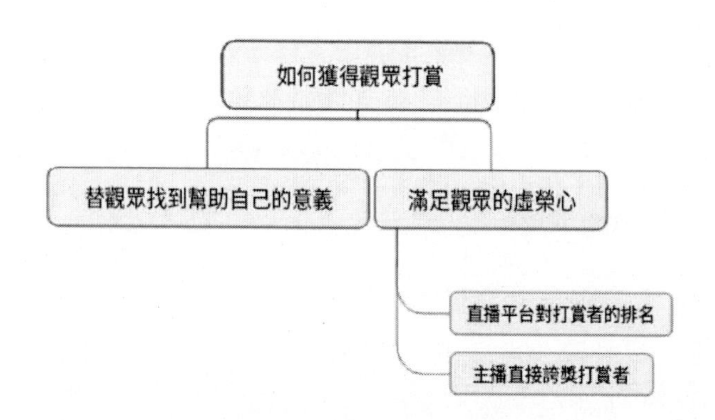

圖 9-6 如何獲得用戶打賞

①替用戶找到幫助自己的意義

比如，咪蒙不僅一次在自己的文章中提到，正是因為粉絲們提供的幫助，才讓自己所做的廣告擁有非常高的轉化率（不少咪蒙的粉絲為了支持她專門去下載廣告 APP）。粉絲從咪蒙的回應中感到自己做的事是有意義的，能夠幫助到咪蒙，所以就會進一步支持她。

②滿足用戶的虛榮心

在美國付小費是非常普遍的現象，而且有專門的文化。針對付小費的研究顯示，當你和朋友一起吃飯時，特別是異性朋友，消費的金額會明顯增加。這是因為透過打賞可以讓打賞者的虛榮心得以滿足，所以，有不少人為了自己的虛榮心而選擇打賞。

刺激用戶打賞的另一個方法是：讓用戶透過打賞行為滿足自己的虛榮心。

直播平臺的做法就是對打賞者進行排名，將打賞額高的用戶公開展示出來，遊戲主播則是誇獎那些打賞的用戶，比如，稱他們為「土豪」。

9.3 生命週期是網紅不能言說的痛

摘要：

避免粉絲審美疲勞的最好方法，就是不斷給粉絲帶來新的刺激，讓粉絲產生新的體驗。

讓自己有利用價值，使粉絲可以從你這裡獲得東西（價值），建立粉絲成癮機制，讓粉絲自己付出，這樣就不容易產生「刺激疲勞」。

想告別短暫的生命週期？就要不斷地給予新刺激

大部分網紅的生命週期都比較短，如芙蓉姐姐、留幾手等，這些網路紅人都曾經引得無數人追捧，但是粉絲也會有審美疲勞的時候，難免會轉而去追逐其他網路紅人。

比如，papi 醬目前可以算是中國網紅第一人，但是粉絲總有一天也會對她的方式感到厭倦。

那麼「網紅應該怎樣延長生命週期」呢？提起這個話題很多人的第一反應就是：提高內容製作水平，持續創造出更多的優質內容。

這個答案不能說是錯的，但是不全面。因為想到這個答案的人往往忽略了一個已成名的網紅也會忽略的問題，那就是「忘記了自己最初走紅的原因」。

很多草根出身的網紅，之所以能受到廣泛的關注，通常和製作水平沒有多大關係，他們最初的作品甚至可以用粗製濫造來形容，沒有專業的設備、沒有專業的剪輯、缺少團隊的支持，僅從製作水平上來說，完全無法和正規團隊打造的作品相提並論。

但是這些因素並沒有成為他們走紅的絆腳石，他們之所以走紅更多的是因為創新及擁有獨特的視角，讓用戶感到新鮮、刺激。

隨著類似的作品越來越多，用戶自然會產生審美疲勞，從而降低對網紅的關注度，而這是提高製作水平無法改變的。

之所以會出現「審美疲勞」這種現象，是因為每個人都會對外界刺激慢慢適應，從最初的充滿興趣到後來慢慢變得沒有感覺，這點無論對於美食、歌曲還是其他事物都是一樣的。

對此，很多人想出的解決辦法是不斷製造新的優質內容，想盡辦法寫新的文章或者拍更有趣的視頻，但是這些做法其實對於延長網紅的生命週期並沒有太大的作用。

當粉絲對一個網紅產生審美疲勞時，就會說：最近的作品沒有什麼意思，質量也沒有原來的好了。但真的是這樣嗎？答案是否定的。

那麼究竟是什麼原因，讓我們對曾經瘋狂追求的東西產生了審美疲勞呢？這時我們需要瞭解一個概念：刺激疲勞。

人們對於外部所產生的刺激（這個刺激是多方面的，可以是感官刺激，也可以是物質刺激），隨著刺激次數的增加，最終會逐漸適應刺激，也就是對刺激沒有感覺。

這個概念會讓人感覺沮喪，因為這意味著：我們從所有外部的刺激中所獲得的幸福感都只能維持一段時間，不論外部刺激是什麼。

比如，有人曾經對樂透大獎得主進行幸福感研究，研究的結果表明，大多數人中獎後的幸福感只能維持 6 個月左右，6 個月之後其幸福感就會恢復到中獎之前。

同樣，學生被名校錄取，幸福感立刻提升，但是也僅持續幾個月，當人學之後，慢慢適應了學校的生活，幸福感就會恢復到原來的水平。

當然，這個概念也有讓人感到高興的一面，因為根據這個概念，你因外部刺激而產生的負面情緒也只會持續一段時間。

總結來說，無論什麼樣的外部刺激，好的、壞的、讓人興奮或者讓人沮喪的等等，最終這些刺激都會被慢慢適應。因此那些剛開始讓我們感到好奇、有趣的事物，隨著刺激次數的增加，最後我們都會沒有感覺。

網紅生命週期較短正是因為如此。那些讓大眾感覺新奇和獨特的網紅作品，一開始會受到人們追捧，但是時間長了，人們就適應了這種模式的作品，之後感到的就是無聊、沒有新意，然後開始尋找能夠給自己帶來新體驗的其他網紅。

我們找到了粉絲對網紅審美疲勞的原因，那麼作為網紅應該如何解決這個問題呢？

既然粉絲對網紅失去興趣的真正原因是因為刺激疲勞，那麼解決方法就需要從刺激疲勞著手。

網紅升級：給予新鮮刺激，產生新體驗

刺激疲勞針對的是同一種刺激，那麼最簡單有效的解決方法就是：不斷給粉絲帶來新的刺激，讓粉絲產生新的體驗。

這種方法很多網紅都使用過，比如邏輯思維在每天保持更新節目的同時，還會搞點新花樣，讓粉絲們保持新鮮感覺，如買月餅、1200 萬元投資 papi 醬等。這些新花樣會對粉絲們不斷產生新的刺激。

即使不開展新活動，沒有新花樣，同樣的內容更換不同的包裝形式，對於粉絲們來說也是新的刺激。

比如，一些「段子手」網紅讓粉絲產生審美疲勞，這時將原來的熱門的內容做成視頻，即可重新吸引粉絲的關注；過段時間再將視頻改編成動漫，又刺激粉絲一次；等這股風潮過去後，還可以改編成真人版電影，繼續刺激粉絲。如此就能夠讓粉絲不斷有新體驗。

實際上，「刺激疲勞」是很早就有的概念，在企業行銷的層面，它被稱作「品牌老化」，曾經非常流行的品牌概念，隨著時間的流逝，消費者逐漸適應了品牌的宣傳，對它越來越無感。

所以，要防止品牌老化，就要在保留它的核心價值的基礎上，賦予它新的生命。那些世界級老品牌，無一不在不停地更換包裝，升級概念，以便給人們新的刺激。

網紅亦是如此，要保持不老化，就要不斷給予粉絲新的刺激。

感官易消逝，價值永留存

為了防止用戶對網紅產生審美疲勞，網紅需要不斷給予粉絲新的刺激。但是無論有多少新花樣，用戶終有一天會厭倦，因為花樣換來換去，還是那一個人。

而且不斷變換花樣的過程中，還存在一定風險，有可能因為一次失策而將過去建立的良好形象毀於一旦。

那麼應該怎麼做呢？

其實這個問題在商界早已經得到瞭解決。我們可以試想一下，經過多次刺激之後用戶會對網紅產生審美疲勞，但是為什麼粉絲不會對公司的傳真機產生疲勞呢？網紅能不能像傳真機一樣，不讓粉絲產生審美疲勞呢？

因為傳真機能夠幫助你完成事情（收發傳真），所以你需要傳真機的存在，它本身具有使用價值，而不是對用戶產生感官上的刺激。同樣，網紅如果想像傳真機等類似的工具一樣，就需要具備可利用的價值，即網紅的存在能夠幫助用戶完成一件需要被完成的事情，而不是僅提供感官體驗。

比如，王自如創辦的 Zealer，該網站為用戶提供電子產品評測資訊，這些資訊就可以滿足用戶的需求。

當用戶看到某新款電子產品發佈時，廠家會將產品說得完美無瑕，但是用戶希望得到專業的客觀評價該產品的訊息。

用戶的這種需求，不是因為王自如才產生的，即使沒有他，需求同樣存在。而王自如幫助用戶解決了這一問題，因此他對於用戶而言就是有利用價值的。

那麼作為一個網紅，怎麼做才算是有「可利用價值」呢？

最基本的標準是：用戶是否會因為一件日常他所需要做的事情而聯想到你？你對他來說是否有用？

比如，怕上火喝加多寶，加多寶就擁有了一個可利用的價值。這就是它的可利用屬性。如果你也有了這樣的可利用屬性，那麼你就具備了價值。

建立粉絲成癮機制

著名心理學家斯金納針對成癮機製做過如下實驗：

有兩組鴿子，第一組鴿子踩紅色按鈕，100% 掉落食物，鴿子吃飽了，就不再按了。

第二組鴿子踩按鈕時，只有一定機率才能獲得食物，也許需要踩 60 次才能獲取食物。在這種非 100% 獎勵的情況下，幾乎所有的鴿子都會瘋狂地踩按鈕，機率再小，它們也不會因此氣餒。

這些鴿子幾乎以 1 分鐘踩 200 次的頻率，接連不斷地踩 15 小時以上。

如果說讓自己變得可利用化，是讓粉絲從你這裡獲得東西（價值），那麼建立粉絲成癮機制，就是讓粉絲自己付出。

用戶在不斷努力的過程中獲得了積極的反饋，他就會覺得這是自己努力的酬勞，會更有成就感，更不容易產生刺激疲勞。

所以作為一個網紅，如果能提供給用戶的僅僅是你的付出，那麼這些外部的刺激，對用戶來說很容易就會產生厭倦感。但是讓用戶自己付出，他們會更有歸屬感。

【運籌篇】泛娛樂的運營和未來：開啟新盛唐的詩篇

第 10 章明星 IP：一將功成萬骨枯

10.1 識別：什麼樣的 IP 有潛力成為明星 IP

摘要：

真正的明星IP一定是大眾情人，它往往具備出色的全民參與屬性。另外，明星 ip 需要具備的是能夠引起全民共鳴的引爆屬性。從這個角度來講，《小時代》是明星 IP，而《致青春》雖然也不錯，但是卻很難和前者相比。

IP 的可轉化程度是重要的指標之一，它代表了 IP 的潛在變化形式。真正的明星 IP 通常具有極佳的可塑性，畢竟在這個時代 1+1 已經行不通了，能夠 1+N 才是關鍵。

看熱度：粉絲的數量、能力和可持續性

「泛娛樂」是以 IP 作為產業核心展開的，各娛樂垂直行業相互連接也需要一個 IP 貫穿其中，所以一個在電影、遊戲、漫畫等行業都能夠產生巨大影響力的明星 IP，就成為公司「泛娛樂」戰略是否能夠成功的關鍵所在。IP 在「泛娛樂」行業中所造成的作用在《2014 年中國遊戲產業報告》中是這樣描述的：「遊戲產業對於 IP（知識產權）重視程度的提高，直接推動了圍繞 IP 為核心的網路遊戲、網路文學、網路音樂、網路影視等互聯網產業的融合發展；IP 已成為泛娛樂產業中連接和聚合粉絲情感的核心，依託於 IP 在互聯網產業中的穿插，構成了遊戲企業跨界合作、多點佈局的融合發展策略。」

什麼樣的 IP 有潛力成為明星 IP 呢？衡量明星 IP 的第一個指標就是粉絲。

粉絲的 3 個維度：數量、能力和可持續性（如圖 10-1 所示）

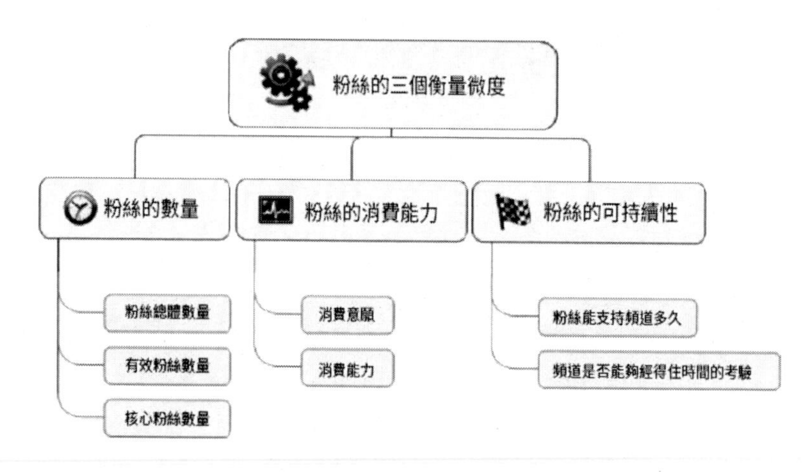

圖 10-1 粉絲的 3 個衡量維度

真正的明星 IP 一定是大眾情人，它往往具備出色的全民參與屬性，此外，明星 IP 需要具備的是能夠引起全民共鳴的引爆屬性。

從這個角度上來講，《小時代》是明星 IP，而《致青春》雖然也不錯，但是卻很難和前者相比。

真正的明星 IP 永遠有一大票的忠實粉絲，在評價 IP 這件事情上，粉絲才是第一維度。但是在評估 IP 的粉絲時，也有 3 個主要的指標。

①粉絲數量

一個 IP 有多少粉絲，是這個 IP 的第一個指標。同時，在確認粉絲數量的時候，要注意區分粉絲、有效粉絲和核心粉絲。

以遊戲為例，10% 的玩家願意掏錢，這 10% 的玩家就可以看作有效粉絲；而在 10% 的有效粉絲中，有 1% 的遊戲玩家貢獻了 60% 的遊戲收人，那麼這 1% 的粉絲才是核心粉絲。

②粉絲能力

另外，還要考量粉絲人群的身份定位，注意區分粉絲的消費能力和消費意願。

比如，大家都知道年輕粉絲消費能力稍差，而中年粉絲實力更強。但是不能因為這個 IP 產品的中年粉絲多，就認為它的經濟價值更大：年輕粉絲消費能力雖稍弱，但是他們的消費意願更強、消費行為更狂熱。關鍵這個 IP 是否能夠引爆粉絲的消費意願。

③粉絲的可持續度

IP 是否能夠長期可持續地聚攏粉絲？市面上有很多紅極一時的 IP，但是限於題材或內容，最後都曇花一現。而像《名偵探柯南》這樣老少皆宜的 IP 才是能夠一直伴隨著粉絲成長的 IP。

看潛力：可轉換程度和潛在變現收益

潛力說白了就是可塑性，即一個 IP 究竟能衍生出多少相關產品，以及衍生出來的產品潛在變現收益又是多少。

潛力分為兩個維度：可轉化程度和變現收益

IP 的可轉化程度是其潛力的重要指標之一，它代表了 IP 的潛在變化形式。真正的明星 IP 通常具有極佳的可塑性，畢竟在這個時代 1+1 已經行不通了，能夠 1+N 才是關鍵。

比如，一部非常流行的網路小說，雖然它在網文領域有一定的粉絲基礎，但是如果將小說直接做成動漫或者遊戲，卻不一定能成功，這和小說本身的可轉化程度有關。雖然網文、動漫和遊戲都屬於娛樂產業，但是不同行業有著巨大的差異，文字能夠展示出來的情節，動漫就不一定能夠很好地展現出來。

遊戲更是如此，遊戲除了要有故事情節，遊戲性更重要：如何將文字劇情很好地嵌入遊戲中，讓玩家產生代人感是一個難題。

有的題材相對來說可轉化程度更高，比如，《琅琊榜》這種背景宏大、故事曲折、角色眾多、又帶有競技性質的IP，就非常適合改編成遊戲。而《小時代》這種現代時裝劇要轉化成遊戲，相對來說會困難很多，最多可以嘗試換裝類遊戲。

IP的變現收益也是其潛力的重要指標之一，雖然《小時代》不能直接轉化成遊戲，但是它改編成影視帶來了非常可觀的收益，《小時代》的12億元票房是市場上很多明星IP都難以望其項背的。

另外，變現的種類和可持續度也是考量IP潛力的指標之一。

比如，《爸爸去哪兒》採取的變現方式就是廣告變現+電影變現+衍生品變現。

持續度就更加簡單了，同樣是愛情，《小時代》拍了4部，而《致我們終將逝去的青春》只拍了一部，這就是差別所在。

10.2 打造：如何打造明星IP

摘要：

資本市場對項目的認可非常多元化，無論你是在做小說，還是在做視頻，都會有投資人給予關注，而這也說明目前並不缺機會。關鍵是大家能否發揮自己的靈活性和團隊的優勢，找到最符合自己的發展方向。

從現在的情況來看，還沒有一家企業能夠僅僅依靠自己的力量，在「泛娛樂」的道路上取得成功的，雖然這非常具有誘惑力，但是真正做起來卻是困難重重。強強聯合仍然是現在的最優選擇。

把握趨勢：擇優選擇、精心打磨

前文講述了什麼樣的IP有潛力成為明星IP，但是明星IP並非天生就有潛力，一個明星IP的誕生離不開多方位多角度地打造。

在這個過程中，擇優選擇、精心打磨是關鍵。

以 2015 年的熱門 IP《花千骨》為例，《花千骨》的原著是一部非常經典的仙俠小說，出來之後受到不少粉絲的熱捧。而在將小說改編為電視劇和遊戲的過程中，在尊重原著的基礎上作了適當修改，迎合了受眾人群的口味，最後才推出了製作精良的遊戲產品，這就是一個非常典型的優秀 IP 的打造模板。

一個明星 IP，一定是可以讓粉絲在讀者、觀眾與玩家三種身份之間隨意進行轉換的。

資本市場對內容的認可其實非常多元化

筆者最近統計了某平臺近三個月的完全融資項目，從這些項目所涉及的領域發現一個有意思的現象：資本市場對項目的認可非常多元化，無論是內容領域，還是泛娛樂領域，無論你是在做小說，還是在做視頻，都會有投資人給予關注，而這也說明了目前有很多機會。關鍵是大家能否發揮自己的靈活性和團隊的優勢，找到最符合自己的發展方向。

做娛樂有方法是肯定的，但不是固定的方法：並不是說你必須怎麼做，才能獲得成功。

泛娛樂很多時候是「玩」出來的，你要有一個玩的心態，才能讓自己心態放平和，做的內容才好玩，才能夠吸引大眾。

最起碼的，你要有娛樂大眾的精神，才有可能去獲得你期待的成功。

你的選擇要契合你的團隊基因

需要注意的是，你做的事情、內容、IP 要契合你的團隊基因。比如，你之前做的是嚴肅的正劇，現在想做喜劇就會比較困難，但是有一些不是那麼無厘頭的你就可以考慮（如《盜墓筆記》）；如果你之前是做新聞的，現在想做娛樂板塊，就可以在娛樂新聞上挖掘，總之不要偏離自己之前做的事情太遠，否則重新開始也是成本。

目前來說，在整體網路環境下，如果你做的東西太「正」就很難吸引人，能夠快速火起來的事物都是有娛樂屬性的。

正確取捨很重要

如果你的團隊未來想做大眾化網路創意內容，想要獲得更大基數的資金支持，那麼在 IP 選擇方面你就需要有所取捨。

如果你想要做的不僅僅是娛樂，還要在此基礎上有一些深化的東西，那麼你的內容就需要有沉澱的基礎，比如《滾蛋吧腫瘤君》，它就能夠帶給人們一些思考。比如《夏洛特煩惱》，也有它的沉澱所在，並不是看完了以後就完了，觀眾會有一些收穫，而不是純搞笑。

歸根結底：你得想清楚，自己到底想做什麼事兒，往哪個方向奔，現在你的團隊架構是不是適合做這件事兒，能不能做好這件事兒。

並且，在你的融資過程中，很重要的一點，就是放下你的情懷，放下你所謂的理想情結，先從投資人的角度去看：這個事情能不能做？有沒有空間？

從融資額度來看，做內容的公司通常得不到太高的融資額度，有以下兩個原因：

①做內容的公司都是慢熱型，而且在早期，沒有數據支持，也沒有盈利，這樣一來估值就不可能太高。

②做內容跟做遊戲很像，好的內容公司有很強的盈利能力，也許一開始根本就不需要融資，或者不需要那麼多的金額。它很有可能只是在一些特殊時刻，希望有一筆錢來保證公司的發展速度，或者保證某個項目的進度。

所以說要調整你的融資預期。

能不能把握住趨勢成為決勝點

把握趨勢要求的是：你不能只看到現在，你需要看遠一點，預測未來的趨勢。

比如，對抗性遊戲曾經在 PC 端非常受玩家歡迎，於是大家都一窩蜂地去做對抗性遊戲。

只有少數遊戲廠商意識到，隨著移動互聯網的發展以及智慧手機的普及，對抗性遊戲的市場正在不斷縮小，而休閒娛樂類型的遊戲將成為未來的主流。於是，他們開始逐漸轉型做休閒遊戲，這就是正確把握住了趨勢。近幾年在移動端上的休閒娛樂類遊戲發展迅速，受到越來越多玩家的青睞。

一個 IP 想要在短時間內獲得粉絲的關注並不是多難的事，難的是在保持已有粉絲的同時，還能持續得到新粉絲的關注。想要獲得粉絲的持續關注，在選擇 IP 時就需要把握住趨勢，根據未來的趨勢，提前進行佈局。

雙劍合璧：強強聯合、共同協作

在上文我們就提到過，泛娛樂的關鍵是：將遊戲、動漫、影視、文學等娛樂相關行業相互打通，形成一條完整的泛娛樂產業鏈。所以，想要建立一個「泛娛樂」帝國，僅依靠同屬娛樂的各個產業獨自發展是不可能的，產業之間的合作非常重要。有人曾經專門就行業之間的合作對 IP 產生的影響做過調查，調查顯示，同樣一個 IP，選擇行業合作所產生的價值是一個行業所產生價值的 4 倍。由此可見，娛樂行業之間的合作將會產生「乘法效應」。

強強聯合仍是最優選擇

從現在的情況來看，還沒有一家企業能夠僅僅依靠自己的力量，在「泛娛樂」的道路上取得成功，雖然這非常具有誘惑力，但是真正做起來卻是困難重重。強強聯合仍然是現在的最優選擇。

盛大的陳天橋曾經想要這麼做，但是最後以失敗告終，這就是盛大的「網路迪士尼」計劃，失敗的原因除了盛大內部的原因以及環境政策的原因，還有一個重要原因就是盛大希望只憑藉自己的力量打通一條泛娛樂的道路，最後事實讓盛大明白，這種想法行不通。

同時，盜版是一個無法迴避的問題，因為盜版的存在，很多人已經習慣了免費方式，所以如何將流量變現就成了一個棘手的問題。目前，流量變現的最好方式就是透過遊戲來實現，但是除了遊戲，其他行業一直沒有找到更好的方式。所以，行業之間的合作就顯得尤為重要，合作能夠建立良好的商業模式，共同打擊盜版，對抗盜版所帶來的影響，同時營造良好的產業氛圍。

光宇的副總裁朱平保曾經說過：「在市場逐漸成熟的當下，遊戲市場已經不是單純意義上的運營、行銷，任何娛樂形式將不再孤立存在，而是全面跨界連接、融通共生的。」

「泛娛樂」是一個非常大的概念，它的涉及面遠比人們想像得要寬廣，做好泛娛樂，關鍵是行業之間的合作、跨界和融合。

作為新興的理念，泛娛樂目前既是機遇，也是挑戰，如果能夠借助「互聯網 +」的風口，對中國的泛娛樂產業來說，也許是一個彎道超車的機會，或許能使我們在世界文化產業中占據一席之地。

在這個過程中，學習和借鑑非常重要，我們也要參照國外的成功的泛娛樂商業模式，積極實踐「拿來主義」。

做乘法而不是做加法

泛娛樂的關鍵在於一個「泛」字，當我們有了一個具備潛力的 IP，就要圍繞它，將遊戲、動漫、電影、文學小說相互結合起來，打造出一個在各行業都有足夠受眾人群的跨界 IP。

如果一個 IP，既有被大眾所追捧的原創小說作為基礎，又有影視或者動漫作品依次上線，同時還有以這個 IP 為核心而打造出來的遊戲作品，那麼這個 IP 對大眾的影響力將會大大增加。

1+1+1+1 最後出來的結果，可能不是加法，而是乘法。

第 11 章運營變現：IP 家家都有，提高變現能力才是關鍵

11.1 管理：向漫威與迪士尼學習，打造完整產業鏈

一個優質的 IP 不是短時間內就能夠打造出來的，優質的 IP 必須要經歷時間的打磨和考驗，如同漫威手下的「復仇者聯盟」足足用了 70 多年的時間才打造出來。

一個有潛力的「泛娛樂」項目需要具備兩個條件：

第一，可以持續生產優質內容；

第二，擁有一條完整的泛娛樂產業鏈，能夠有效整合產業鏈資源，實現 IP 產品的快速變現。

漫威模式：讓價值共建取代「挖掘變現」

如果你不是動漫迷，那麼就有可能沒有聽說過漫威漫畫公司，但是即使你對動漫毫無興趣，也不可能沒有聽說過漫威的作品。《美國隊長》《蜘蛛人》《復仇者聯盟 2》都是它的作品。

漫威漫畫成立於 1939 年，如今已經有 77 年歷史。在漫威成立之初，它是一家僅有 3 名編輯的小漫畫出版社，而經過了 77 年的打拚，如今漫威已經橫跨動漫、影視、遊戲多個產業，是一個不折不扣的超級英雄王國（如圖 11-1 所示）。

圖 11-1 漫威漫畫

當前泛娛樂被炒得非常火爆，不少中國商家都在高喊要進軍泛娛樂，而橫跨多行業的漫威剛好是一個非常成功的案例。下面來我們來詳細分析一下漫威成長的歷程，也許能夠從中找到一些值得學習的方法。

商業模式的探索：跟隨是不會得到好結果的，合適的才是最好的。

很多故事的結局都是非常美好的，但是過程卻是坎坷曲折的，漫威即是如此。雖然現在漫威所採用的商業模式被譽為泛娛樂的最佳模式，但是漫威初期在模式的探索上並非一帆風順。從最初的毫無頭緒、模式混亂，到 20 世紀 90 年代中期終於找到了正確的方向，略顯成效。漫威進軍電影業的路程長達 30 年。

漫威最初是以漫畫起家，但是在 20 世紀 70 年代漫威就意識到僅依靠漫畫是不可能發展起來的，以出售改編權的方式來為自己創作的漫畫人物吸引好萊塢的注意力，是他們進軍影視行業的最好選擇。然而在當時，英雄主義文化並不被大眾所青睞，所以漫威的《美國隊長》《驚奇四超人》等電影遭遇了票房滑鐵盧，以慘敗收場。漫威在影視方面的轉折點是在 1996 年，在此之前經歷了一系列的重大變化，之後獲得重生的漫威將自己的電影部門公司化，漫威影視就此成立。漫威成立影視公司後改變了進軍影視業的策略，將之前的出售改編權方式變為授權方式，想要以此與好萊塢達成共贏（如圖 11-2 所示）。

圖 11-2 漫威的作品

漫威在進軍影視的道路上積累了寶貴的經驗，最終在這些經驗的幫助下形成了獨特的商業模式——「漫威模式」。比如，漫威的老對手 DC 與好萊塢合作採取的是完全授權的方式，但是漫威意識到這種方式對自己並不完全合適，所以漫威雖然也採取授權方式，但是還會做很多前期製作的工作：選擇合適的劇本以及創作團隊，然後將主創和概念打包交給授權方。這樣的方式保證了拍攝出來的電影與漫威的漫畫原著相差不遠。而漫威的授權作品在此之後都獲得了巨大的成功。尤其是《X 戰警》和《蜘蛛人》這兩個系列的電影，福斯和 SONY 分別在這兩部電影上大賺了一筆。

以 IP 的「價值共建」取代 IP 的「挖掘變現」

英雄是每個時代都需要的，同時每個人也都有過自己的英雄夢，「拯救人類」「拯救地球」「英雄救美」「懲惡揚善」等等。而漫威就是借助於大部分人都有過的英雄情結才取得了現在的成功，也讓「漫威模式」廣為人知。從泛娛樂角度來看，漫威創造的英雄就是它的核心 IP。《鋼鐵人》《蜘蛛人》《美國隊長》等一系列電影都是以這個 IP 為核心打造出來的（如圖 11-3 所示）。

對於 IP 的打造和發展，從最開始的 IP 培育到成型之後的經營運作，漫威有完整的一套 IP 價值理念貫穿其中，這種理念大大延長了 IP 的生命週期。漫威對所要打造的 IP 的要求是：每個英雄之間要相互聯繫，先進入市場的電影要為下一部準備上映的電影做鋪墊，以此做到內容上相互聯繫，同時在電影推出時間上承接有序。典型的情節就是漫威英雄電影在結尾時的彩蛋，這種彩蛋讓觀眾對下一部要推出的作品充滿期待。漫威懂得如何去維持一個 IP 的生命力，因此不斷用新的產品和角色以不同形式去豐富 IP，這種方式同時還能夠加深觀眾對 IP 的印象和理解，提高觀眾的忠誠度。

圖 11-3 漫威的電影海報

對於中國那些熱衷於泛娛樂的廠商來說，現在的 IP 就是「萬金油」，用起來非常方便，因為有很多現成的。無論是動漫、電影還是文學小說，只要感覺有市場，就通通拿過來使用。這些廠商在意的是如何將 IP 快速變現，而缺乏培育和運作 IP 的耐心，這種模式風險性較高，並且難以長期維持。

目前中國很少有公司將重心放在運作 IP 上，缺少原創的高質量 IP 和成熟的運作模式是中國 IP 發展的瓶頸，也是中國泛娛樂面臨的最大問題。

統一的世界觀，不斷進化的故事

漫威在幾十年的發展中，將自己的英雄故事寫得非常完整。它告訴觀眾英雄不是憑空產生的，從出生到成長再到與惡勢力鬥爭，每個過程都有提及，而且英雄所在環境的世界觀與現實世界相一致，這種非架空的世界觀念讓觀眾感覺那就是自己所生活的年代。

我們從漫威的發展過程中不難看出，不論是培養 IP 還是創作作品，一個優質的素材最重要的是能夠引發觀眾的共鳴。如同周星馳的電影，周星馳在電影裡扮演的角色都是平凡的小人物，這種小人物就在我們身邊，因此他的電影很容易引起觀眾的共鳴。而漫威的超級英雄亦是如此，大部分英雄開始都是普通人，而且在成為超級英雄之後，將自己的裝扮去掉依然是普通人，有著普通人所需要面對的所有煩惱。另一方面，「漫威模式」更多地體現了現代意識與傳統文化的融合，強勢 IP 必有其所堅守的核心價值與文化內涵。

一個優質的 IP 不是短時間內就能打造出來的，必須要經歷時間的打磨和考驗，如同漫威旗下的「復仇者聯盟」足足用了 70 多年的時間才打造出來。而對於中國的泛娛樂廠商來說，還有追趕的機會，但是必須要經得起短期利益的誘惑，尋找適合中國的泛娛樂化模式。

迪士尼模式：持續性生產優質內容，完整產業鏈實現快速變現

一個有潛力的「泛娛樂」項目需要具備以下兩個條件：

第一，可以持續生產優質內容。

第二，擁有一條完整的泛娛樂產業鏈，能夠有效整合產業鏈上的資源，實現 IP 產品的快速變現。

以美國迪士尼為例，迪士尼作為世界最為著名的動畫產業公司，它的發展歷程在這裡就不再贅述，現在我們先來瞭解一下它的動畫作品的情況：迪士尼公司已經成立 90 年了，據不完全統計，自成立以來上映的作品有 150 多部，其中由迪士尼獨立製作的動畫作品為 55 部，獲獎及獲得奧斯卡提名的作品一共 46 部。在 90 年中，迪士尼塑造出了類似《迪士尼七公主》《大英雄天團》《巴斯光年》等無數經典動畫形象，深受大眾喜愛。從上述內容中我們很容易看出，迪士尼作為世界娛樂大廠，擁有強大的原創優質 IP 的能力。

大方向不變，持續生產新內容

擁有強大的優質 IP 生產力只是開始，為了產生品牌效應，並明確品牌定位，還需要在作品大方向保持不變的情況下，使其細分內容有豐富的變化。在迪士尼大獲成功的動漫作品中，有不少改編自世界各地的經典動畫或者神話，對於這些在世界上流傳已久的經典故事，迪士尼非常擅長使用新的形式進行表達，而且作品中所體現出來的價值觀也能夠和美國社會主流價值觀相吻合。

持續產生新內容能夠讓粉絲對你保持新鮮感，擁有穩定的產品風格能夠讓你的產品和其他同類產品區分開，讓你的品牌在市場中占有一席之地，而且能夠讓粉絲認同你的價值並對你產生高黏性。

迪士尼發展到今天的規模，離不開它成熟專業的商業化運營。迪士尼除了進行動畫製作外，還涉及動畫周邊的多個領域，如主題公園、玩具、遊戲等。這種做法完善了其產業佈局，打造出了一條完整的 IP 產業鏈。

迪士尼將其建立的動畫形象 IP 很好地和商業運營結合起來，幾乎在所有的動畫形象獲得成功之後，迪士尼都會有後續操作配合展開，比如，建立主題公園、發展周邊產品等，也正是因為有這樣的後續操作，迪士尼在創作 IP 時，就會把後期商業運作的因素考慮進去。

與迪士尼相比，中國的很多泛娛樂項目則顯得非常不成熟。在內容生產上粗製濫造已經是常見現象，有些則是前期衝勁十足，但是後期就毫無活力，整個就是曇花一現。而在後期商業運作上中國起步較晚，產業鏈還不夠完整，缺乏有經驗的專業人士進行後期運作，從而導致最關鍵的變現部分實現起來較為困難。

11.2 變現：提高 IP 變現能力，就靠三個「拼」

摘要：

沒有良好的運營，IP 就無法發揮價值。只是擁有一個優質的 IP 並不能成為你成功的法寶，也無法變現。將 _ 個優質 IP 透過遊戲的方式運營起來則是一個很好的方式。

IP 運營就是用好的內容去吸引用戶，並透過圍繞 IP 產生的優秀產品來留住客戶，最終實現商業價值。

從早期儲存的 IP 資源中挑出一部分進行運作變現，提高公司利潤，並且在 IP 運作的過程中拉高 IP 的估值，是標準做法。

拼製作：誰能把握原作的精髓

IP 能不能成功變現，最終需要看製作，要把握原作 IP 的精髓。

什麼叫做精髓？

原作 IP 中最打動人的核心要有，最有趣的細節也要有。比如《十萬個冷笑話》手遊，當玩家進人《十萬個冷笑話》手遊之後，會看到各種電鍋，會看到畫面中李靖在那裡空手接白刃，《十萬個冷笑話》的精神就是搞笑、隨意，各種無厘頭。

在手遊中，玩家可以隨意在牆上看到小廣告，小廣告的聯繫方式其實是《十萬個冷笑話》的遊戲官方公眾號，這就非常契合原作的精神。它高度還原了原作的幽默感。

而手遊的過場動畫，也是精心製作，非常有趣的，玩家雖然重點是玩遊戲，但是仍然會把過場動畫看完。

這體現的是製作者對原 IP 的深度理解，在還原的基礎上，變成現有的模式。如果粉絲原本是這個 IP 的粉絲，你製作出來的產品，粉絲來捧場，但是看到的卻是和原著不一樣的東西，玩家一定會失望地離去，也許還會有一種上當受騙的感覺，這在過去的 IP 改編中並不少見。

IP 不是簡單換皮

說起做精品的態度，我們可以參考藍港互動的廖明香在談到《十萬個冷笑話》的手遊製作時所說的：「我們在整個的遊戲製作中，製作人全程參與和溝通，他們在研發方進駐了好幾個月的時間，他們把自己的很多想法及想要表現的東西，以及他們對於粉絲的理解，很好地融合到整個遊戲的設計裡面去……我們對 IP 生態的理解，不是簡單地換皮，換皮沒有任何價值，哪怕再好的 IP，如果只是換一個皮，迅速上產品，我們都會拒絕掉。

對於我們來講，IP 整個生態的理解是什麼？它是從兩個方面來講，一方面是從行銷到運營；另外一方面，從粉絲到玩家，再到大眾。從內容上面，從對文化的理解到運營，每個環節環環相扣。真正從動漫的群體，再到遊戲的群體，擴散到整個遊戲玩家，能做到那麼大玩家群體，恰恰說明 IP 放大的力量。」

拼粉絲：誰能獲取最多、最忠誠的粉絲

一個 IP 產品出來，有了足夠的粉絲之後才有可能變現。做內容與做 O2O、做社交不同，O2O 有訂單即可，社交有客戶即可，而做內容需要的是變現能力。變現能力的高低將決定未來你發展空間的大小。擁有高變現能力的產品是現在很多創業團隊所追求的，比如現在小說非常熱門，因為小說未來可以做遊戲、做影視，具有高變現能力。

判斷變現能力的大小，主要看能夠占據目標受眾時間的能力。同時占據目標受眾時間的能力也是判斷一個 IP 產品是否成功的重要指標。因為 IP 產品有著精確的目標受眾，在這一前提條件下，每個 IP 產品的粉絲群體都是非常明確的。這時，如何擴展自己的粉絲就成為每個 IP 產品需要考慮的問題。通常的做法是鞏固自己已經擁有的粉絲，以這部分粉絲作為核心用戶，不斷地吸引新用戶關注。

比如《暴走漫畫》，它最初以平面漫畫出現，得到一些用戶的關注，然後將這些用戶作為核心粉絲，不斷擴大用戶群體，現在已經擁有了多個子欄目。如今《暴走漫畫》又要做大電影，這些都是為了占據粉絲更多的時間，然後進行電商變現。

網路劇是現在非常受歡迎的創業切入口。隨著大眾的生活水平日益提高，人們在娛樂上所花費的時間和金錢也越來越多。除此之外，隨著 4G 網路和 Wi-Fi 的進一步普及，移動互聯網呈井噴式發展，加之視頻以及移動互聯網人口紅利依然存在，現在透過移動終端獲得網路資源已經成為大眾的生活習慣。移動終端可以有效利用人們的碎片化時間，在公交車上就能夠看網路劇，再加上網路劇的核心 IP 已經有一定的粉絲基礎，這讓網路劇創業具有風險低、投資回報率高的特點，所以現在網路劇備受青睞。

網路劇的表現形式更加多元化，因此所帶來的變現能力也更加強大。以網路劇為核心，還可以向音樂、遊戲、動漫以及電影等多方面做延展。

不可放過的大數據武器

《紙牌屋》就是一個很好的例子，這部劇之所以能夠如此受歡迎，是因為從劇本到演員再到如何播出，都是根據收集到的千萬觀眾的大數據作的決定。知道了觀眾的需求，更有利於我們創造出觀眾喜愛的作品。

拼運營：誰能在孵化和變現階段都做到極致

什麼是 IP 運營？

IP 運營就是要用好的內容去吸引用戶，並透過圍繞 IP 產生的優秀產品來留住客戶，最終實現商業價值。

沒有運營，沒有 IP

沒有良好的運營，IP 就無法發揮出價值。只是擁有一個優質的 IP 並不能成為你成功的法寶，也無法變現。將一個優質 IP 透過遊戲的方式運營起來則是一個很好的方式。

很多遊戲公司認為拿到一個普通遊戲，找一家遊戲製作外包公司，然後利用 IP 的影響力賺一筆錢，這就是 IP 的運營和變現。這樣做能夠短時間內賺一筆錢，但是如果想要長遠發展，這種「快餐式」的運營是遠遠不夠的。比如藍港互動很早就簽下了《甄嬛傳》，認為適合改編為卡牌遊戲，但是為了保證質量，藍港互動並沒有馬上推出遊戲，而是直到《甄嬛傳》播出 4 年之後，遊戲才上線。

想要將一個 IP 很好地運營起來不是短時間就能夠做到的，在運營過程中需要考慮很多環節。比如首先要拿到一個好的 IP，然後要思考應該做哪一類 IP 產品，如何才能吸引受眾等。《西遊記》是中國的超級 IP，從剛上學的小朋友到已經退休在家的老年人都是它的受眾，但是你以《西遊記》為核心做的項目不可能將所有受眾都作為目標受眾。針對的目標受眾不同，內容策劃都會有很大的不同。

在 IP 運營中，主要由兩個階段構成（如圖 11-4 所示）。

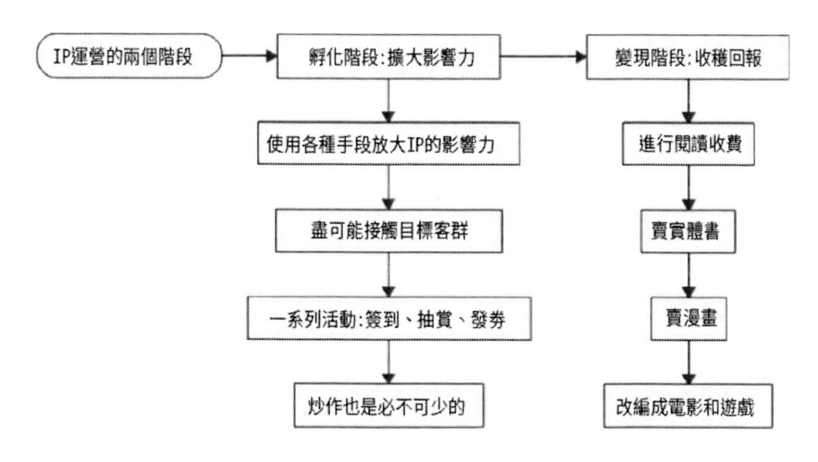

圖 11-4IP 運營的兩個階段

①孵化階段

這一階段就是 IP 不斷增長的階段，孵化這個詞非常形象，IP—開始是一個蛋，各種產品一點點把它養大，但它是長成一只土雞，還是長成一只金雞，取決於運氣，努力等元素。

在 IP 的孵化階段，最重要的是能夠讓好的內容透過優秀的互聯網運營手段，去接觸到儘可能多的目標客戶群體。在這個過程中，用戶會和 IP 產生情感上的共鳴。

孵化階段非常漫長，有時需要幾個月，有時則需要幾年，無論是內容的創作，還是粉絲情感的醞釀發酵都需要時間，這時運營的手段能夠造成很好的輔助作用。

在這一階段常常使用的運營手段是：簽到、抽獎、發券等。

另外，炒作也是必不可少的。

②變現階段

當 IP 積累了足夠的知名度和粉絲時，就可以走向變現了。這時需要的是一系列的商業化運作，比如 IP 進行收費（在網上閱讀書籍，到了一定階段才開始收費）、賣實體書、賣同 IP 漫畫、網文開始改編成遊戲，都屬於這一階段要做的事情。

無論哪個階段，運營的發力都必不可少，透過運營能夠觸發 IP 的成長，透過一系列的手段，能夠幫助 IP 放大它的影響力，最終實現的就是商業價值。

運氣也是必不可少的因素

說起 2015 年的優質 IP，就不能不提由愛奇藝和天象互動共同推出的手遊《花千骨》，這款手遊是由小說 IP 打造出來的，與之同期上線的還有同名電視劇。手遊和電視劇同期上線就是愛奇藝打通「泛娛樂」產業鏈的結果。接下來愛奇藝還準備圍繞這一 IP 將產業鏈進一步延展開。

從《花千骨》我們可以看出，明星 IP 往往具備驚人的延展力，既可以作為網文火爆全網，又可以拍攝成電視劇引起觀眾討論或吐槽，還可以做成手遊吸引眾多的粉絲。

但是要做出《花千骨》這樣的超級 IP，除了我們講的拼粉絲、拼精品，還要有機率。

或者說，要有運氣。

做 IP 有時靠的就是運氣。

在做孵化 IP 時，能夠選擇的 IP 肯定不止一個，也許此時你不知道哪個是優質 IP，哪個 IP 今後能夠火爆，所以就可以嘗試同時多孵化幾個 IP，增加成功的機率。

如果重視網路文學資源，可以簽約一些原創作家，然後和社會化媒體平臺上的知名意見領袖合作，從文學作品當中挑選一些有潛力的 IP，進行傳播推廣。

這種方法不少平臺都在使用，比如，起點中文網手中就有一大批簽約作家和他們的原創作品，說不準什麼時候就能夠爆出一個超級 IP。

機率不是讓你盲目地囤積 IP，而是讓你從諸多你瞭解、認可的 IP 中，擇優選取幾個，然後分別投入。

未來誰掌握的資源越多，誰的贏面就越大。

國家圖書館出版品預行編目（CIP）資料

互聯網時代下的泛娛樂行銷：風口．藍海．運籌 / 謝利明，袁國寶，倪偉 著．-- 第一版．-- 臺北市：崧燁文化，2019.10
面；　公分
POD 版

ISBN 978-986-516-065-4(平裝)

1.網路產業 2.網路行銷 3.產業發展

484.6　　　　108016864

書　名：互聯網時代下的泛娛樂行銷：風口．藍海．運籌
作　者：謝利明，袁國寶，倪偉 著
發行人：黃振庭
出版者：崧燁文化事業有限公司
發行者：崧燁文化事業有限公司
E-mail：sonbookservice@gmail.com
粉絲頁：　　網　址：
地　址：台北市中正區重慶南路一段六十一號八樓 815 室
8F.-815, No.61, Sec. 1, Chongqing S. Rd., Zhongzheng Dist., Taipei City 100, Taiwan (R.O.C.)
電　話：(02)2370-3310 傳　真：(02) 2388-1990
總經銷：紅螞蟻圖書有限公司
地　址：台北市內湖區舊宗路二段 121 巷 19 號
電　話:02-2795-3656 傳真 :02-2795-4100　　網址：
印　刷：京峯彩色印刷有限公司（京峰數位）

定　價：299 元
發行日期：2019 年 10 月第一版
◎ 本書以 POD 印製發行

000001